高职高专建筑类专业"十三五"规划教材

建筑工程测量与实训

主编　黄敏　马联华　朱显平

西安电子科技大学出版社

内 容 简 介

本书严格按照高校建筑工程测量与实训课程教学标准编写,主要介绍了水准测量、角度测量、距离测量与直线定向、全站仪和 GPS 技术、测量误差的基本知识、导线测量、数字化测图、建筑施工测量等内容及十一个实训项目。本书注重理论与实践相结合,采用全新体例编写,内容丰富,案例翔实,并附有复习思考题供广大师生选用。本书注重实践教学,对培养学生独立工作、提高动手能力将起到积极作用。

本书可作为高职高专学院和成人教育、专科土建类相关专业的教学用书,也可作为土建施工类和工程管理类专业职业资格考试的培训教材,还可作为备考从业和执业资格考试人员的参考书。

图书在版编目(CIP)数据

建筑工程测量与实训/黄敏,马联华,朱显平主编. —西安:西安电子科技大学出版社,2017.2
高职高专建筑类专业"十三五"规划教材
ISBN 978 - 7 - 5606 - 4397 - 7

Ⅰ. ① 建… Ⅱ. ① 黄… ② 马… ③ 朱… Ⅲ. ① 建筑测量 Ⅳ. ① TU198

中国版本图书馆 CIP 数据核字(2017)第 001308 号

策 划 陈 婷 李惠萍
责任编辑 杨 瑶
出版发行 西安电子科技大学出版社(西安市太白南路 2 号)
电 话 (029)88242885 88201467 邮 编 710071
网 址 www.xduph.com 电子邮箱 xdupfxb001@163.com
经 销 新华书店
印刷单位 陕西利达印务有限责任公司
版 次 2017 年 2 月第 1 版 2017 年 2 月第 1 次印刷
开 本 787 毫米×1092 毫米 1/16 印张 10.5
字 数 246 千字
印 数 1~3000 册
定 价 25.00 元
ISBN 978 - 7 - 5606 - 4397 - 7/TU

XDUP 4689001 - 1

如有印装问题可调换

前　言

　　建筑工程测量是保证建筑工程施工质量的重要环节。本书在编写过程中严格遵循高校建筑工程测量与实训课程的教学大纲，同时参考了工程测量的最新标准与规范，以提高学生实践能力为目标，实现了专业适用与教学适用的紧密结合。

　　本书既注重把握建筑工程测量学的知识性、系统性，又突出了建筑工程测量的实践性，对知识的讲解深入浅出，注重学以致用。全书共包含九个章节及十一项实训，其中章节内容包括绪论、水准测量、角度测量、距离测量与直线定向、全站仪和GPS技术、测量误差的基本知识、导线测量、数字化测图、建筑施工测量等；实训项目包括水准仪的使用、水准测量、微倾式水准仪的检验与校正、经纬仪的使用与测回法测水平角、全圆观测法测水平角与竖直角观测、距离测量和直线定向、闭合导线外业测量、碎部测量、测设点的平面位置和高程、建筑物轴线施工放样、全站仪的使用等。为了方便实践教学，每个实训均明确了实训目的与要求。

　　本书由黄敏、马联华、朱显平担任主编。其中，十一个实训项目由黄敏老师编写，第1章至第4章由马联华老师编写，第5章至第9章由朱显平老师编写。

　　本书在编写过程中参阅了大量文献，引用了同类书刊中的一些资料。在此，谨向有关作者表示感谢！同时对西安电子科技大学出版社为本书出版所做的辛勤工作表示感谢！

　　限于作者水平，书中难免存在不妥和遗漏之处，恳请读者批评指正。

马联华

2016 年 12 月

目 录

第1章 绪 论

1.1 测量学简介

1.1.1 测量学的概念及研究对象

测量学是研究整个地球的形状和大小以及确定地面点位关系的一门学科。其研究的对象主要是地球和地球表面上的各种物体，包括它们的几何形状及空间位置关系。测量学将地表物体分为地物和地貌。地物是指地球表面上的各种自然物体和人工建筑物；地貌是指地势高低起伏的形态。地物和地貌总称为地形。

1.1.2 测量学的学科分支

测量学是一门综合学科，按照其研究范围、研究对象及采用技术手段的不同，可分为以下几个学科分支。

1. 大地测量学

大地测量学研究整个地球的形状、大小和外部重力场及其变化、地面点的几何位置，解决大范围的控制测量工作。大地测量学是测量学各分支学科的理论基础，它的主要任务是为测制地形图和工程建设提供基本的平面控制和高程控制。按照测量手段的不同，大地测量学又分为常规大地测量学、空间大地测量学及物理大地测量学等。

2. 普通测量学

普通测量学研究的是地球表面一个较小局部区域的形状和大小。由于地球半径很大，因此可以把球面当成平面看待而不考虑地球曲率的影响。普通测量学的主要任务是图根控制网的建立、地形图的测绘及工程的施工测量。

3. 工程测量学

工程测量学研究的是工程建设在规划设计、施工和运营管理等阶段所进行的各种测量工作。工程测量学是一门应用学科，按其研究对象可分为建筑、水利、铁路、公路、桥梁、隧道、地下、管线(输电线、输油管)矿山、城市和国防等工程测量门类。

4. 摄影测量与遥感

摄影测量与遥感技术主要利用摄影或遥感技术来研究地表形状和大小。其主要任务是获取地面物体的影像，进行分析处理后建立相应的数字模型或直接将影像绘制成地形图。根据影像获取方式的不同，摄影测量又分为地面摄影测量和航空摄影测量等。

5. 制图学

制图学是一门利用测量所获得的成果资料，研究投影编绘成图以及地图制作的理论、方法和应用等的学科。

测量学各分支学科之间相互渗透、相互补充、相辅相成。本书讲述的主要内容就属于普通测量学和工程测量学的范畴。

1.1.3 建筑工程测量的任务

测量学的任务包括测定和测设两方面。测定是将地球表面上的地物和地貌缩绘成各种比例尺的地形图;测设是将图纸上设计好的建筑物的位置在地面上标定出来作为施工的依据。

建筑工程测量属于工程测量的范畴,是测量学的一个组成部分。它是研究建筑工程在勘测设计、施工建设和运营管理等阶段所进行的各种测量工作的理论和技术的学科。建筑工程测量的任务主要有以下三个方面。

1. 地形图测绘

要进行勘测设计,必须有设计底图。而地形图测绘阶段的工作任务就是为勘测设计提供地形图,进行地形图测绘,即测定。地形图测绘的目的是使用各种测量仪器和工具,按一定的测量程序和方法,将地面上局部区域的各种地物和地势的高低起伏形态、大小,按规定的符号及一定的比例尺缩绘在图纸上,供工程建设使用。

2. 施工放样

在工程施工建设之前,测量人员要根据设计和施工技术的要求把建筑物的平面位置和高程在地面上标定出来,作为施工建设的依据,这步工作即为施工放样(也称测设)。施工放样是联系设计和施工的桥梁,一般需要较高的精度。

3. 变形监测

在建筑物施工过程中,要进行变形监测,以指导和检查工程的施工,确保施工的质量符合设计的要求;在建筑物建成后的运营管理阶段,也要进行变形监测,对建筑物的稳定性及变化情况进行监督测量,了解其变形规律,确保建筑物的安全。

总之,在工程建设的勘测、设计、施工和运营管理各个阶段都要进行测量工作,测量工作贯穿于整个工程建设的始终。因此,从事工程建设的工程技术人员,必须掌握工程测量的基本知识和技能。

1.2 测 量 基 准

1. 地球的形状和大小

地球是一个南北极稍扁,赤道稍长,平均半径约为 6371 km 的椭球。地球自然表面有高山、丘陵、平原、盆地及海洋等,呈复杂的起伏形态,是一个不规则的曲面。地表上最高的珠穆朗玛峰高达 8844.43 m(此数据是 2005 年 10 月 9 日国家测绘局公布的测量数据,高程测量精度为 ±0.21 m,峰顶冰雪深度为 3.50 m),最深的马里亚纳海沟深达 11 022 m。地表的高低起伏约 20 km,但与地球的半径 6371 km 比较起来可以忽略不计。通过长期的测绘工作和科学调查,了解到地球表面上海洋面积约占 71%,陆地面积约占 29%,因此,可以认为地球是被海水所包围的球体。

2.测量工作基准面和基准线

测量工作是在地球表面进行的。在地面上进行测量工作应掌握重力、铅垂线、水准面、大地水准面、参考椭球面的概念和关系。

由于地球的自转运动，地球上任一点都要受到离心力和地球引力的双重作用，这两个力的合力称为重力。重力的方向线称为铅垂线，铅垂线是测量工作的基准线。设一个静止的海水面向陆地延伸通过大陆和岛屿形成一个包围地球的闭合曲面，这个曲面就称为水准面。水准面是一个处处与铅垂线垂直的连续曲面，由于海水受潮汐的影响，海水面有高有低，所以水准面有无数个，其中与平均海水面相吻合的水准面称为大地水准面，如图 1-1 所示。大地水准面是测量工作的基准面。大地水准面所包围的地球形体称为大地体。

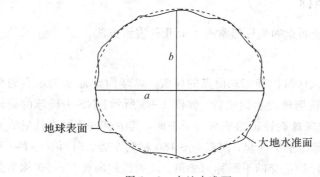

图 1-1 大地水准面

用大地水准面代表地球表面的形状和大小是恰当的，但地球内部质量分布不均匀，铅垂线的方向产生不规则的变化，致使大地水准面成为一个复杂的曲面。如果将地球表面上的图形投影到这个复杂的曲面上，是无法进行测量工作的，为此选用一个非常接近大地水准面，并可用数学式表达的规则形体来代替大地体，这个旋转椭球体称为参考椭球体。

参考椭球体是由一椭圆绕其短半轴旋转而成的椭球体，如图 1-2 所示。椭圆的长半径 a、短半径 b、扁率 $\alpha\left(\alpha=\dfrac{a-b}{a}\right)$ 是决定旋转椭球体的形状和大小的元素。目前，我国采用国际大地测量协会 IAG-75 参数：$a=6\,378\,140$ m，$\alpha=1:298.257$，推算值 $b=6\,356\,755.288$ m。

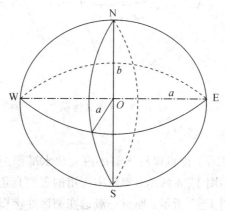

图 1-2 参考椭球体

采用参考椭球体定位得到的坐标系为国家大地坐标系。我国大地坐标系的原点在陕西省泾阳县永乐镇。由于地球椭球体的扁率很小，因此当测区面积不大时，可将地球近似地当作半径为 6371 km 的圆球。

1.3 地面点位的确定

测量工作的基本任务是确定地面点的空间位置。确定地面点的空间位置需要几个要素，通常是确定地面点在基准面(参考椭球面)上的投影位置，即地面点的坐标，以及地面点到基准面(大地水准面)的铅垂距离，即高程。

1.3.1 地面点的坐标

在测量工作中，地面点的坐标通常有下面几种表示方法。

1. 地理坐标

地理坐标是指在大区域内确定地面点的位置，以球面坐标来表示点的坐标，用经度和纬度表示地面点在旋转椭球面上的位置，如图 1-3 所示。NS 为椭球的旋转轴，N 表示北极，S 表示南极。通过椭球旋转轴的平面为子午面，其中通过英国格林尼治天文台的子午面称为起始子午面。自起始子午面起，向东 $0°\sim180°$ 称为东经，向西 $0°\sim180°$ 称为西经。通过椭球中心且与椭球旋转轴正交的平面称为赤道。从赤道起向北 $0°\sim90°$ 称为北纬，向南 $0°\sim90°$ 称为南纬。我国地处北半球，各地的纬度都是北纬。图 1-3 中 M 点的地理坐标为东经 $115°30'$，北纬 $46°20'$。

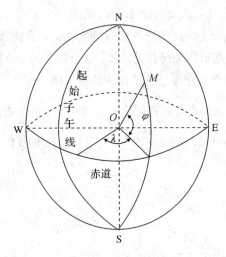

图 1-3 地理坐标系

2. 独立平面直角坐标

若在小区域进行测量工作，则可以将该测区内大地水准面当平面，即直接将地面点沿铅垂线投影到水平面上，如图 1-4 所示。测量中所用的平面直角坐标与数学中的笛卡儿平面直角坐标基本相同，如图 1-5 所示。原点一般选在测区西南以外，将坐标系的 x 轴选在测区西边，将 y 轴选在测区南边，使测区内部点坐标均为正值，以便计算。纵轴为 x 轴，与南北方向一致，向北为正，向南为负；横轴为 y 轴，与东西方向一致，向东为正，向西为负。这是由于测量工作中是以北为标准按顺时针方向计算角度的。此外，为了使平面三角数学公式都可以在测量计算中应用，象限按顺时针方向编号。

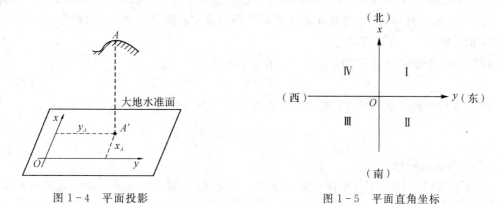

图 1-4　平面投影　　　　　　　　　　图 1-5　平面直角坐标

3. 高斯平面直角坐标

当测区范围较大时，不能用水平面代替球面，应将地面点投影到椭球面上。所以必须按适当的投影方法，建立统一的平面直角坐标系。

投影的方法很多，我国现采用的是高斯-克吕格投影方法。它由德国测量学家高斯于 1825 年至 1830 年首先提出，后由德国测量学家克吕格于 1912 年推导出实用的坐标投影公式。

高斯投影原理如图 1-6 所示。将地球视为一个圆球，设想用一个横圆柱体套在地球外面，并使横圆柱的轴心通过地球的中心，横圆柱的中心轴通过地球中心并与地轴 NS 垂直。让圆柱面与圆球面上的某一子午线(该子午线称为中央子午线)相切，然后按照一定的数学法则，将中央子午线东西两侧球面上的图形投影到圆柱面上，再将横圆柱面沿过南、北极点的母线剪开，展成平面，即可得到投影在平面上的图形。若构成平面直角坐标系，则高斯投影面如图 1-7 所示。

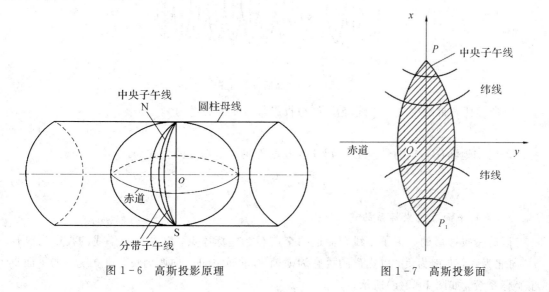

图 1-6　高斯投影原理　　　　　　　　图 1-7　高斯投影面

1) 高斯投影的分带

为了使变形限制在允许范围内，高斯投影按一定经差将地球椭球面划分成若干投影带，投影带的宽度以相邻两个子午线的经差来划分。带的宽度一般有 6°、3° 和 1.5° 等几种。

如图 1-8(a) 所示，6° 带是从 0° 子午线起每隔经差 6° 自西向东分带，将整个地球分成 60 个投影带，并用 1～60 顺序编号。

6° 带中任意带的中央子午线经度 L 与投影带号 N 的关系为

$$L = 6N - 3 \qquad (1-1)$$

若已知地面任一点的经度，则计算该点所在 6° 带编号的公式为

$$N = \mathrm{Int}\left(\frac{L+3}{6} + 0.5\right) \qquad (1-2)$$

式中，Int 为取整函数。

如图 1-8(b) 所示，3° 带是在 6° 带的基础上分成的，它从东经 1.5° 子午线起每隔经差 3° 自西向东分带，将整个地球分成 120 个投影带，并用 1～120 顺序编号。

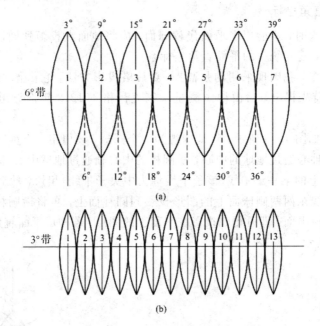

图 1-8 高斯投影分带

3° 带中任意带的中央子午线经度 L' 与投影带号 n 的关系为

$$L' = 3n \qquad (1-3)$$

若已知地面任一点的经度 L'，则计算该点所在 3° 带编号的公式为

$$n = \mathrm{Int}\left(\frac{L'}{3} + 0.5\right) \qquad (1-4)$$

2) 高斯平面直角坐标系的建立

以分带投影后的中央子午线和赤道的交点 O 为坐标原点，以中央子午线的投影为纵轴 x，向北为正，向南为负，以赤道的投影为横轴 y，向东为正，向西为负，建立统一的平面直角坐标系统，如图 1-9(a) 所示。

我国位于北半球，所以纵坐标均为正，横坐标有正有负。为了方便计算，避免横坐标出现负值，规定将坐标原点西移 500 km，如图 1-9(b) 所示。这样带内的横坐标值均增加 500 km。例如 A 点位于中央子午线为 117° 的 6° 带内，带号为 18，$x_A = 272\ 552.38$ m，$y_A = -294\ 542.24$ m，则横坐标 $y_A = (-294\ 542.24)$ m $+500\ 000$ m $= 205\ 457.76$ m。因为不同投影带内的点可能会有相同坐标值，也为了标明其所在投影带，规定在横坐标前冠以带号，则 A 点横坐标 $y_A = 18\ 205\ 457.76$ m。通常将未加 500 km 和未加带号的横坐标值称为自然值；将加上 500 km 并冠以带号的称为通用值。

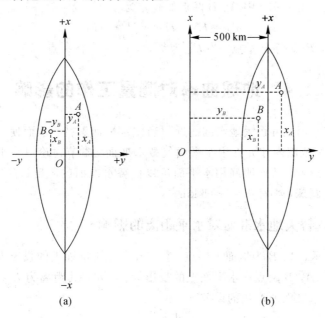

(a)　　　　　　　　　　　　(b)

图 1-9　高斯平面直角坐标

1.3.2　地面点的高程系统

1. 绝对高程

　　地面上某点到大地水准面的铅垂距离，称为该点的绝对高程，又称为海拔，一般用 H 表示。如图 1-10 所示，地面上 A、B 两点的绝对高程分别为 H_A、H_B。由于受海潮、风浪等影响，海水面的高低时刻在变化。我国的高程以青岛验潮站历年记录的黄海平均海水面为基准，在青岛建立了国家水准原点。我国最初使用"1956 黄海高程系"，其青岛国家水准原点高程为 72.289 m，该高程系统自 1987 年废止并启用"1985 国家高程基准"，原点高程为 72.260 m。在使用测量资料时，一定要注意新旧高程系统以及系统间的正确换算。

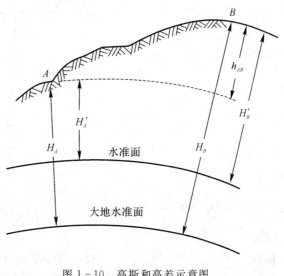

图 1-10　高斯和高差示意图

2. 相对高程

在局部地区特殊条件下，不需要和国家高程系统联系，也可以采用一个假设水准面为高程起算面。地面上某点到假设水准面的铅垂距离，称为该点的假定高程或相对高程。图 1-10 中 A、B 两点的相对高程分别为 H'_A、H'_B。

3. 高差

两点的高程之差称为高差，一般用 h 表示。地面上两点的高差与高程起算面无关，只与两点的位置有关。图 1-10 中 A、B 两点的高差为

$$h_{AB} = H_B - H_A = H'_B - H'_A \tag{1-5}$$

当 h_{AB} 为正时，B 点高于 A 点；当 h_{AB} 为负时，B 点低于 A 点。

1.4 地球曲率对测量工作的影响

当测区范围较小时，可将大地水准面近似当作水平面看待，从而使绘图和计算工作大为简化。那么，什么范围内才允许用水平面代替水准面？本节讨论以水平面代替水准面对水平距离和高差的影响，从而明确用水平面可以代替水准面的限度。在分析过程中，将大地水准面近似看成圆球，半径 $R = 6371$ km。

1.4.1 切平面代替大地水准面对水平距离的影响

如图 1-11 所示，A、B 为地面上两点，它们在大地水准面上的投影为 a、b，弧长为 D，所对的圆心角为 θ。A、B 两点在水平面上的投影为 a'、b'，其距离为 D'。D' 与 D 的差 ΔD 即为用水平面代替水准面所产生的误差。

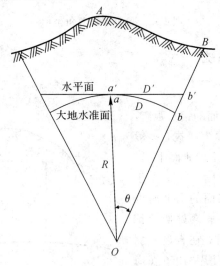

图 1-11 投影示意图

$$\Delta D = D' - D$$

因为 $\qquad\qquad\qquad\qquad D' = R\tan\theta, \quad D = R\theta$

则有 $\qquad\qquad\qquad\qquad \Delta D = R\tan\theta - R\theta = R(\tan\theta - \theta)$

将 $\tan\theta$ 按级数展开，并略去高次项，取前两项得

$$\tan\theta = \theta + \frac{1}{3}\theta^3$$

则
$$\Delta D = \frac{1}{3}R\theta^3 \tag{1-6}$$

所以 $\theta = \dfrac{D}{R}$ 代入式(1-6)，得

$$\Delta D = \frac{D^3}{3R^2} \tag{1-7}$$

表示成相对误差为
$$\frac{\Delta D}{D} = \frac{D^2}{3R^2} \tag{1-8}$$

由以上计算可以看出，当距离为 10 km 时，以水平面代替水准面所产生的距离误差为 1:122 万，小于目前精密距离测量的容许相对误差 $\dfrac{1}{100\times10^4}$。由此可得出结论：在半径为 10 km 的范围内，地球曲率对水平距离的影响可以忽略不计。对于精度要求较低的测量，还可以扩大到以 25 km 为半径的范围。用水平面代替水准面对距离的影响见表 1-1。

表 1-1　用水平面代替水准面对距离的影响

距　离	距离误差	相对误差	距　离	距离误差	相对误差
D/km	A_D/cm	$A_D:D$	D/km	A_D/cm	$A_D:D$
10	0.8	1:1 220 000	50	102.7	1:49 000
25	12.8	1:200 000	100	821.2	1:12 000

1.4.2　切平面代替大地水准面对高程的影响

在图 1-11 中，a、b 两点在同一水准面上，其高差 $h_{ab}=0$。a'、b' 两点的高差 $h_{a'b'}=\Delta h$，则 Δh 就是 h_{ab} 与 $h_{a'b'}$ 的差，即 Δh 为水平面代替水准面所产生的高差误差，其计算公式为

$$(R+\Delta h)^2 = R^2 + D'^2$$

化简得
$$\Delta h = \frac{D'^2}{2R+\Delta h} \tag{1-9}$$

式(1-9)中，可用 D 代替 D'，同时 Δh 与 $2R$ 相比可略去不计，故式(1-9)可写为

$$\Delta h = \frac{D^2}{2R} \tag{1-10}$$

以不同距离 D 代入式(1-10)，即得相应的高差误差值，如表 1-2 所示。

表 1-2　用水平面代替水准面对高差的影响

D/m	100	200	500	1000
$\Delta h/\mathrm{mm}$	0.8	3.1	19.6	78.5

由表 1-2 可知，当距离为 100 m 时，高差误差接近 1 mm，这对高程测量来说影响很大。所以在进行高程测量时，必须考虑地球曲率对高程的影响。

1.5　测量工作概述

1.5.1　测量的基本工作

在测量工作中，地面点的空间位置用坐标和高程来表示，但坐标和高程通常不是直接测定的，而是通过测出待定点与已知点之间的几何关系，观测其他要素后计算得出的。如图 1-12 所示，设地面 A 点的坐标和高程已知，要确定 B 点的位置，则需要确定水平面 B 点到 A 点的水平距离 D_{ab} 和 B 点相对于 A 点的方位。图上 ab 的方向可以用通过 a 点的指北方向线与 ab 的夹角（水平角）α 表示。有了 D_{ab} 和 α，B 点在图上的平面位置就可以确定。但要进一步确定 B 点的空间位置，除了 B 点的平面位置外，还要知道 A、B 两点的高低关系，即 A、B 两点间的高差 h_{ab}，这样 B 点的空间位置就可以唯一确定了。同理，可以确定 C 点的空间位置。

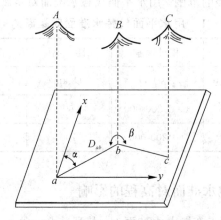

图 1-12　测量的基本要素

由此可知，水平距离、水平角及高差是确定地面点相对位置的 3 个基本几何要素，而角度测量、距离测量和高程测量则是测量的 3 项基本工作。

1.5.2　测量工作的基本原则

测量工作中将地球表面复杂多样的形态分为地物和地貌两大类。要在一个已知点上测绘一个测区所有的地物和地貌是不可能的，因此只能测量其附近的一定范围，如图 1-13 所示。在测区内选择 A、B、C、D 等一些有控制意义的点（称为控制点），用精确的方法测定这些点的坐标和高程，然后根据这些控制点分区观测，测定其周围的地物和地貌特征点（称为碎部点）的坐标和高程，最后才能拼成一幅完整的地形图。施工放样也是如此。但无论采用何种方法、使用何种仪器进行测量或放样，都会给其结果带来误差。为了防止测量误差的逐渐传递和累积，要求测量工作必须遵循以下原则：

首先，在布局上遵循"从整体到局部"的原则。测量工作必须先进行总体布置，然后再分期、分区、分项实施局部测量工作，而任何局部的测量工作都必须服从全局的工作需要。

其次，在工作程序上遵循"先控制后碎部"的原则，也就是先进行控制测量，测定测区内若干个控制点的平面位置和高程，作为后面测量工作的依据。

再次，在精度上遵循"从高级到低级"的原则，即先布设高精度的控制点，再逐级发展布设低一级的交会点以及进行碎部测量。

同时，测量工作必须进行严格的检核。"前一步工作未作检核不进行下一步测量工作"是组织测量工作应遵循的又一个原则。

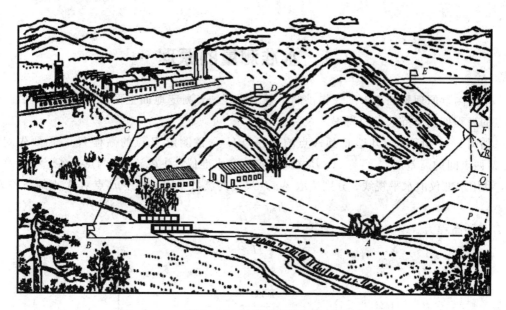

图 1-13 地形测图示意图

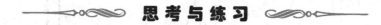

思考与练习

（1）测量学的研究对象及建筑工程测量的任务是什么？

（2）什么叫水准面？什么叫大地水准面？它们的特性是什么？

（3）什么叫绝对高程（海拔）？什么叫相对高程？什么叫高差？

（4）有哪几种坐标系统表示地面点位？其各有什么用途？

（5）测量学中的平面直角坐标系和数学上的平面直角坐标系有何不同？为何这样规定？

（6）已知点 M 位于东经 $118°30'$，计算它所在位置的 $6°$ 带号和 $3°$ 带号。

（7）已知在 21 带中有一点 A，其位于中央子午线以西 236 458.74 m 处，试写出该点横坐标的通用值。

（8）对于水平距离和高差而言，在多大的范围内可用水平面代替水准面？

（9）确定地面点的 3 个基本要素是什么？测量的基本工作有哪些？

（10）测量工作的基本原则是什么？

第2章 水准测量

2.1 水准测量的原理

水准测量原理是利用水准仪提供的一条水平视线，测定地面上两点的高差，然后由已知点的高程推算出待求点的高程。

如图2-1所示，已知地面上 A 点的高程为 H_A，欲测定 B 点的高程 H_B，需要先测出 A、B 两点间的高差 h_{AB}。可在 A、B 之间安置一台水准仪，并在 A、B 两点上各竖一根水准尺，利用水准仪的水平视线，分别读取 A、B 尺上的读数 a、b，其中 B 点对 A 点的高差为

$$h_{AB} = a - b \tag{2-1}$$

则 B 点的高程为

$$H_B = H_A + h_{AB} \tag{2-2}$$

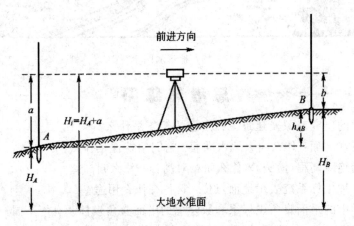

图2-1 水准测量原理

如果水准测量是由 A 向 B 进行的，如图2-1中的箭头所示，其中 A 点为已知高程点，则 A 点尺上的读数 a 称为后视读数；B 点为代行高程点，B 点尺上的读数 b 称为前视读数。B 点的高程也可以通过仪器的视线高程 H_i 求得，即

$$H_i = H_A + a \tag{2-3}$$

$$H_B = H_i - b \tag{2-4}$$

式(2-2)根据高差推算高程的方法叫做高差法。式(2-4)利用实现高程推算高程的方法叫做视线高法。当安置一次仪器需测定若干个地面点的高程时，使用视线高法比高差法方便。一般，视线高法在建筑施工中应用较为广泛。

2.2 水准测量的仪器及工具

水准测量所使用的仪器为水准仪，工具有水准尺和尺垫。

水准仪按其精度可分为 DS_{05}、DS_1、DS_3 和 DS_{10} 等四个等级。以国产 DS_3 为例，D、S 分别为"大地测量"和"水准仪"的汉语拼音的第一个字母，数字 3 表示该仪器的精度，即每公里往返测量高差中数的中误差为 ±3 mm。因 DS_3 水准仪使用比较普及，本节着重介绍 DS_3 水准仪。

2.2.1 DS_3 水准仪的构造

水准仪主要由望远镜、水准器和基座三部分组成。DS_3 水准仪的外形和各部分名称如图 2 - 2 所示。

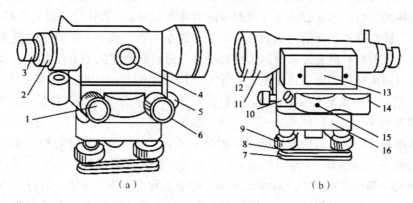

（a） （b）

1—微倾螺旋；2—分划板护罩；3—目镜；4—物镜调焦螺旋；5—制动螺旋；6—微动螺旋；

7—底板；8—三角压板；9—脚螺旋；10—弹簧帽；11—望远镜；12—物镜；

13—管水准器；14—圆水准器；15—连接小螺钉；16—轴座

图 2 - 2 DS_3 水准仪

1. 望远镜

望远镜可以精确瞄准目标，并读取水准尺上读数。DS_3 水准仪的望远镜主要由物镜、目镜、调焦透镜和十字丝分划板等组成，如图 2 - 3 所示。

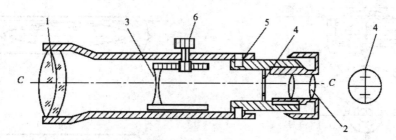

1—物镜；2—目镜；3—调焦透镜；4—十字丝分划板；5—连接螺钉；6—调焦螺旋

图 2 - 3 望远镜

物镜装在望远镜筒侧面，其作用是与调焦透镜配合将远处的目标成像在十字丝分划板上，形成缩小而明亮的实像；目镜装在望远镜的后面其作用是将物镜所成的实像与十字丝一起放大成虚像。

十字丝分划板是一块刻有分划线的玻璃薄片，分划板上互相垂直的两条长丝称为十字丝。其中，纵丝亦称为竖丝，横丝亦称为中丝。竖丝与横丝是用来照准目标和读数的。在横丝的上下各有一根短丝称为视距丝，可用来测定距离。

十字丝的交叉点和物镜光心的连线称为望远镜的视准轴。延长视准轴并使其水平，即得到水准测量中所需的水平视线。

2. 水准器

水准器用于置平仪器。水准器有圆水准器和管水准器（简称水准管）两种。圆水准器用来指示竖轴是否竖直；管水准器用来指示视准轴是否水平。

（1）圆水准器装在水准仪基座上，用于粗略整平。如图 2-4 所示，圆水准器内有一个气泡。将加热的酒精和乙醚混合液注满圆水准器并将其密封，液体冷却后收缩形成一空间，即形成气泡。圆水准器顶面的内表面是一球面，其中央有一圆圈，圆圈的中心为水准器的零点，连接零点与球心的直线称为圆水准器轴。当圆水准器气泡中心与零点重合时表示气泡居中，此时圆水准器轴处于铅垂位置；当气泡不居中时，气泡中心偏移零点 2 mm，轴线所倾斜的角值称为圆水准器的分化值，一般在 $8' \sim 10'$。由于圆水准器的精度较低，一般用于仪器的粗略整平。

（2）水准管是一纵向内壁磨成圆弧形的玻璃管，管内装有酒精和乙醚的混合液，加热融封冷却后留下一个气泡。由于气泡较轻，故恒处于管内最高位置，如图 2-5 所示。水准管上一般刻有间隔为 2 mm 的分划线，分划线的中点称为水准管零点；通过零点作水准管圆弧的切线 LL 称为水准管轴。水准管内壁弧长 2 mm 所对应的圆心角 T 称为水准管的分划值，即

$$T = \frac{2}{R}\rho \tag{2-5}$$

式中：$\rho = 206265''$；R 为圆弧半径（mm）。

DS_3 水准仪的水准管分划值为 $20''$，记作 $20''/2$ mm。水准管分划值越小，灵敏度越高，用来整平仪器的精度也越高。由于水准管的精度较高，适用于仪器的精确整平。

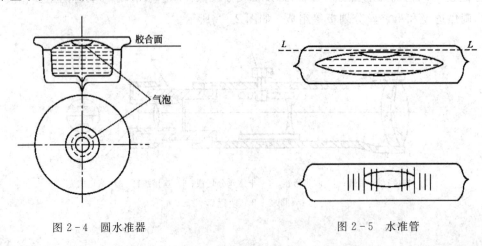

图 2-4　圆水准器　　　　　　　　　　图 2-5　水准管

为了提高水准管气泡居中精度，DS₃ 水准仪在水
准管的上方安装了一组符合棱镜，如图 2-6(a)所示。
通过符合棱镜的反射作用，使水准管气泡两端的半
个气泡的影像反映在望远镜旁的符合气泡观察窗中。
若气泡两端的半像吻合，则表示气泡居中，如图 2-6
(b)所示；若气泡两端的半像错开，则表示气泡不居中，
如图 2-6(c)所示，这时应转动微倾螺旋，使气泡的半
像吻合。

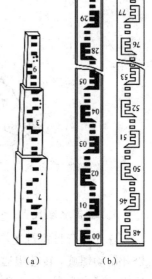

图 2-6　符合水准器

3. 基座

基座由轴座、脚螺旋、底板和三角压板组成。基座
的作用是支撑仪器上部，并通过连接螺旋与三脚架连接。转动脚螺旋，可使圆水准气泡
居中。

2.2.2　水准尺和尺垫

1. 水准尺

水准尺是水准测量时使用的标尺，其质量好坏直接影响水
准测量的精度。水准尺常用干燥的优质木材、玻璃钢、铝合金
制成，要求尺长稳定、分划准确。水准尺有塔尺和双面尺两种，
如图 2-7 所示。

塔尺，如图 2-7(a)所示，仅用于等外水准测量，通常制成
3 m 和 5 m 两种。塔尺可以伸缩，携带方便。但旧的塔尺接头处
容易损坏，从而影响尺的长度。尺的底部为零点，尺上黑白相
间，每格宽度为 1 cm，有的为 0.5 cm，每米和每分处均有标
记。因望远镜有正像和倒像两种，所以水准尺注记也有正写和
倒写两种。

图 2-7(b)所示为双面水准尺。多用于三、四等水准测量，
其长度为 3 m，且两根尺为一对。尺的两面都有刻划，一面为黑
白相间，称为黑面尺（主尺）；另一面为红白相间，称为红面尺
（辅尺）。两面的刻划均为 1 cm，并在分米处有数字注记。两根
尺的黑面底部起始数字均为零；而红面底部的起始数字一根为
4.687 m，另一根为 4.787 m。

(a)　　　　(b)

图 2-7　水准尺

2. 尺垫

如图 2-8 所示，尺垫一般由生铁铸成，下部有三个尖足
点，可以踩入土中起到固定尺垫的作用；中部有突出的半球
体，作为临时转点的点位标志供竖立水准尺用。尺垫是水准测
量的另一重要工具，在水准测量中，先将尺垫踩实，再将水准
尺放在尺垫顶面的半球体上，可防止水准尺下沉。

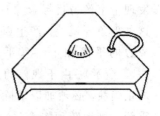

图 2-8　尺垫

2.3 DS₃微倾式水准仪的使用

水准仪的使用包括仪器的安置、粗略整平、瞄准水准尺、精确整平和读数等操作步骤。

1. 安置水准仪

打开三脚架并使其高度适中，目估使架头大致水平，检查脚架腿是否安置稳固，脚架伸缩螺旋是否拧紧，然后打开仪器箱取出水准仪，用连接螺旋将仪器固定在三脚架头上。

2. 粗略整平

粗略整平要调节脚螺旋使圆水准器的气泡居中、仪器竖轴大致铅垂、视准轴大致处于水平位置。利用脚螺旋使圆水准器气泡居中的操作步骤如图2-9所示，当气泡不在中心而偏在a处时，可先用双手按箭头方向转动螺旋1和2，使气泡转移到b处，然后转动第3个螺旋使气泡从b处移动到圆圈的中心。整平时气泡移动的方向与左手大拇指移动的方向一致。

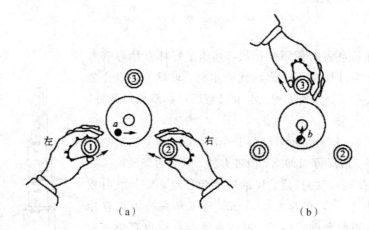

(a) (b)

图2-9 圆水准器整平

3. 瞄准水准尺

首先进行目镜对光，即把望远镜对着明亮的背景，转动目调焦螺旋，使十字丝清晰。再松开制动螺旋，转动望远镜，用望远镜筒上的照门和准星瞄准水准尺，拧紧制动螺旋。然后从望远镜中观察：转动物镜调焦螺旋进行对光，使目标清晰；再转动微动螺旋，使竖丝对准水准尺。

当眼睛在目镜端上下微微移动时，若发现十字丝与目标影像有相对运动，则称这种现象为视差。产生视差的原因是目标成像的平面和十字丝平面不重合（如图2-10所示）。由于视差的存在会影响读数的正确性，必须加以消除。消除的方法是重新仔细地转动物镜对光螺旋，直至尺像

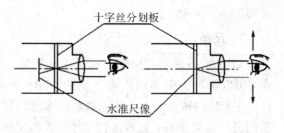

十字丝分划板

水准尺像

图2-10 视差原理

与十字丝平面重合。

4. 精确整平

眼睛观察符合气泡观察窗中的气泡影像，用右手缓慢而均匀地转动微倾螺旋，使气泡两端的影像吻合，即表示水准仪的视准轴已精确水平，如图 2-11 所示。

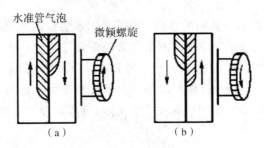

图 2-11 水准管气泡调节

5. 读数

符合水准器气泡居中后，应立即用十字丝中丝在水准尺上读数，读出水准尺零点到十字丝中丝的高度。不论使用的水准仪是正像或是倒像，读数总是由注记小的一端向大的一端读出。通常读数应保持四位数字，米、分米、厘米数可由尺上刻划直接读出，毫米数则由估计而读得。如图 2-12 所示读数为 1.306 m，一般以米为单位。但习惯只念"1306"四位数而不读小数点，即以毫米为单位。读数后再检查一下气泡是否移动了，若移动了则需要重新用微倾螺旋调整气泡使之符合后再次读数。

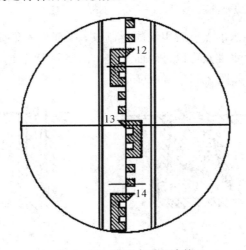

图 2-12 瞄准水准尺读数

精确整平和读数虽是两项不同的操作步骤，但在水准测量的实施过程中常把两项操作视为一个整体，即精确整平后再读数，读数后还要检查管水准气泡是否完全符合。只有这样，才能取得准确的读数。

2.4 水准测量的实施与成果整理

2.4.1 水准点

为了统一全国高程系统以及满足科研、测图和国家建设的需要，测绘部门在全国各地埋设了许多固定的测量标志，并用水准测量的方法测定了它们的高程，这些标志称为水准点(Benchmark)，简记为 BM。水准点有永久性和临时性两种。国家等级水准点一般用石料或钢筋混凝土制成，深埋到地面冻结线以下。在标石的顶面设有用不锈钢或其他不易锈蚀材料制成的半球状标志，如图 2-13 所示。有些水准点也可设置在稳定的墙角上如图 2-14 所示，称为墙上水准点。

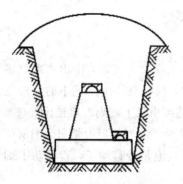

图 2-13 国家级水准点

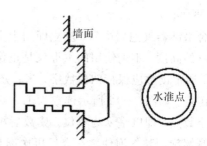

图 2-14 墙上水准点

建筑工地上的永久性水准点一般用混凝土制成，顶部嵌入半球状金属标志，其形状如图 2-15(a)所示。临时性水准点可以是地面上突出的坚硬岩石或是将大木桩打入地下，并在桩顶钉上半球形铁钉，如图 2-15(b)所示。

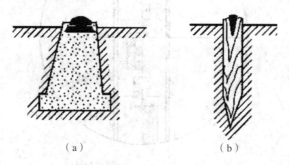

（a） （b）

图 2-15 水准点标志

埋设水准点后，应绘出水准点与附近固定建筑物或其他地物的关系图，在图上还要写明水准点的编号和高程，称为"点之记"，以便日后寻找水准点的位置。水准点标号(水准点代号)前通常加 BM 字样。

2.4.2 水准路线

水准测量中，为了避免在观测、记录和计算中发生粗差，并保证测量成果达到一定的精度要求，往往将已知水准点和待测水准点组成水准路线，利用一定的条件来检核所测成果的正确性。在一般的工程测量中，水准路线主要有如下三种形式。

1. 附合水准路线

如图 2-16 所示，从已知水准点 BM_A（起始点）出发，沿着待定点 1、2、3 进行水准测量，最后附合到另一个已知水准点 BM_B（终点），所构成的水准路线称为附合水准路线。

2. 闭合水准路线

如图 2-17 所示，由 BM_A 出发，沿待定高程点 1、2、3、…环线进行水准测量，最后回到原水准点 BM_A 上，称为闭合水准路线。

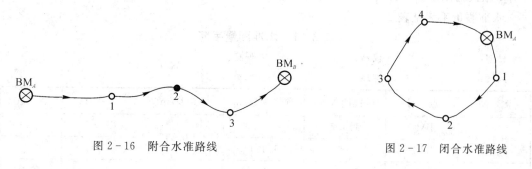

图 2-16 附合水准路线

图 2-17 闭合水准路线

3. 支水准路线

如图 2-18 中的 1 和 2 两点，由一水准点 BM_A 出发，既不附合到其他水准点上，也不自行闭合，这称为支水准路线。支水准路线要进行往返观测，以资检核。

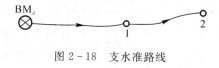

图 2-18 支水准路线

2.4.3 水准测量实施

按拟定的水准路线进行水准测量，以图 2-19 为例，介绍水准测量的具体做法。图中 BM_A 为已知高程的水准点，TP 为转点，B 为拟测量高程的水准点。

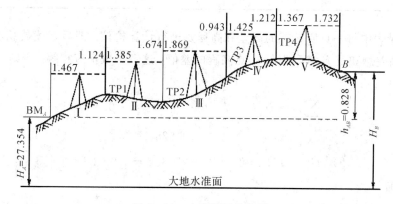

图 2-19 水准测量的施测

将水准尺立于已知高程的水准点上作为后视，水准仪置于施测路线附近合适的位置，在施测路线的前进方向上取仪器至后视大致相等的距离放置尺垫，在尺垫上竖立水准尺作为前视。观测员将仪器用圆水准器粗平之后瞄准后视标尺，用微倾螺旋将水准管气泡居中，用中丝读后视读数至毫米。掉转望远镜瞄准前视标尺，此时，水准管气泡一般将会偏离少许，将气泡居中，用中丝读前视读数。记录员根据观测员的读数在手簿中记下相应的数字，并立即计算高差。以上为第一个测站的全部工作。

第一测站结束之后，记录员招呼后标尺员向前转移，并将仪器迁至第二测站。此时，第一测站的前视点便成为第二测站的后视点。以与第一测站相同的工作程序进行第二测站的工作，依次沿水准路线方向施测直至全部路线观测完为止。

水准测量手簿见表 2-1。

表 2-1　水准测量手簿

日期：　　　　　　　　仪器：　　　　　　　　观测：

天气：　　　　　　　　地点：　　　　　　　　记录：

测　站	点　号	后视读数/m	前视读数/m	高差/m	高程/m	备　注
1	BM$_A$	1.467		+0.343	27.354	已知
	TP1		1.124			
2	TP1	1.385		−0.289		
	TP2		1.674			
3	TP2	1.869		+0.926		
	TP3		0.943			
4	TP3	1.425		+0.213		
	TP4		1.212			
5	TP4	1.367		−0.365		
	BM$_B$		1.732		28.182	
计算检核		$\sum a = 7.513$ −6.685 +0.828	$\sum b = 6.685$	$\sum h = +0.828$	28.182 −27.354 +0.828	

对于记录表中每一页所计算的高差和高程要进行计算检核。即后视读数总和减去前视读数总和、高差总和及 B 点高程与 A 点高程的差值，这三个数字应相等。否则，计算有误。例如表 2-1 中：

$$\sum a - \sum b = 7.513 - 6.685 = +0.828$$

$$\sum h = +0.828$$

$$H_B - H_A = 28.182 - 27.354 = +0.828 \tag{2-6}$$

说明计算正确。

2.4.4 水准测量的检核

1. 测站检核

由式(2-6)可以看出，待定点 B 的高程是根据 A 点和沿线各测站测得的高差计算出来的。为了确保观测高差正确无误，需对各测站的观测高差进行检核，这种检核称为测站检核。常用的检核方法有两次仪器高法和双面尺法两种。

(1) 两次仪器高法。两次仪器高法是在同一测站上用两次不同的仪器高度，测定两次高差。即测得第一次高差后，改变仪器高度约 10 cm 以上，再次测定高差。若两次测定的高差之差未超过 5 cm，取其平均值作为该测站的观测高差；否则需要重测。

(2) 双面尺法。双面尺是在一测站上，仪器高度不变，分别用双面水准尺的黑面和红面测出两点之间的高差。若两次测得的高差之差不超过容许值，则取其平均值作为该测站的高差；否则需要重测。

2. 路线检核

虽然每一测站都进行了检核，但对于一条水准路线来说，测站检核还不足以说明所求水准点的高程精度是否符合要求。例如，在前后视某一转点时，水准尺未放在同一点上，利用该转点计算的相邻两站的高差虽然精度符合要求，但这条水准路线却含有错误，因此必须进行整条水准路线的成果检核。

(1) 附合水准路线。如图 2-16 所示，路线中各段高差的代数和，理论上应等于两个水准点之间的高差，即

$$\sum h_{理} = H_{终} - H_{始} \tag{2-7}$$

由于观测误差不可避免，实测的高差与已知高差一般不可能完全相等，其差值称为高差闭合差 f_h，即

$$f_h = \sum h_{测} - (H_{终} - H_{始}) \tag{2-8}$$

(2) 闭合水准路线。如图 2-17 所示，显然，式(2-7)中的 $H_{终} - H_{始} = 0$，则路线上各点之间高差的代数和应等于零，即

$$\sum h_{理} = 0 \tag{2-9}$$

如不等于零，则高差闭合差为

$$f_h = \sum h_{测} \tag{2-10}$$

(3) 支水准路线。如图 2-18 所示，支水准路线要进行往返观测，往测高差与返测高差观测值的代数和 $\sum h_{往} + \sum h_{返}$ 理论上应为零。如不等于零，则高差闭合差为

$$f_h = \sum h_{往} + \sum h_{返} \tag{2-11}$$

各种路线形式的水准测量，其高差闭合差均不应超过容许值；否则即认为观测结果不符合要求。

2.4.5 水准测量的成果计算

水准测量外业结束后，要先检查野外观测手簿，确认无误后，再转入内业计算，进行高

差闭合差计算、检核与分配及待测点高程的计算。

不同等级的水准测量，对高差闭合差有不同的规定。等外水准测量的高差闭合差容许值规定为

平地：
$$f_{h容} = \pm 40 \sqrt{L} \text{ (mm)} \tag{2-12}$$

山地：
$$f_{h容} = \pm 12 \sqrt{n} \text{ (mm)} \tag{2-13}$$

式中：L 为水准路线长度（km）；n 为水准路线测站数。

当地形起伏较大时，每 1 km 水准路线超过 16 个测站时按山地计算容许闭合差。

1. 附合水准路线成果计算

以图 2-20 为例，A、B 为两个已知水准点，A 点高程为 65.376 m，B 点高程为 68.623 m，点 1、2、3 为待测水准点，其观测数据如图 2-20 所示。将图中各数据按高程计算顺序列入表 2-2 进行计算。

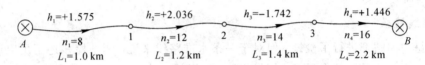

图 2-20　附合水准路线

表 2-2　水准测量成果计算

点　号	距离 L/km	测站 N_i/站	实测高差 h_i/m	高差改正数 v_i/m	改正后高差 /m	高程 H/m	备　注
A						65.376	已知点
	1.0	8	+1.575	-0.012	+1.563		
1						66.936	
	1.2	12	+2.036	-0.014	+2.022		
2						68.961	
	1.4	14	-1.742	-0.016	-1.758		
3						67.203	
	2.2	16	+1.446	-0.026	+1.420		
B						68.623	已知点
$\sum$	5.8	50	3.315	-0.068	3.247		

$f_h = +68$ mm　$L = 5.8$ km　$-f_h/L = 12$ mm

$f_{h容} = \pm 40 \sqrt{5.8} = \pm 96$ mm

计算步骤如下：

（1）计算高差闭合差。

$$f_h = \sum h_测 - (H_终 - H_始) = 3.315 - (68.623 - 65.376) = +0.068 \text{ m}$$

（2）计算容许闭合差。

$$f_{h容} = \pm 40 \sqrt{5.8} = \pm 96 \text{ mm}$$

因为 $|f_h| < |f_{h\text{容}}|$，故其精度符合要求，可进行闭合差分配。否则，应重测，直到满足要求为止。

（3）计算高差改正数。若在同一条水准路线上，使用相同的仪器工具和相同的测量方法，则可以认为各测站产生误差的机会是相等的。因此，高差闭合差可按测段的测站数 N_i（或按距离 L_i）反号成正比例分配到各测段的高差中，即

$$v_i = -\left(f_h / \sum N\right) \times N_i \quad \text{或} \quad v_i = -\left(f_h / \sum L\right) \times L_i$$

本例各测段改正数 v_i 计算如下：

$$v_1 = -\left(f_h / \sum L\right) \times L_1 = -(0.068/5.8) \times 1.0 \approx -0.012 \text{ m}$$

$$v_2 = -\left(f_h / \sum L\right) \times L_2 = -(0.068/5.8) \times 1.2 \approx -0.014 \text{ m}$$

$$v_3 = -\left(f_h / \sum L\right) \times L_3 = -(0.068/5.8) \times 1.4 \approx -0.016 \text{ m}$$

$$v_4 = -\left(f_h / \sum L\right) \times L_4 = -(0.068/5.8) \times 2.2 \approx -0.026 \text{ m}$$

改正数凑整到毫米，但凑整后的改正数总和必须与闭合差绝对值相等，符号相反。这是计算中的一个检核条件，即

$$\sum v = -f_h = -0.068 \text{ m}$$

若 $\sum v \neq -f_h$，存在凑整后的余数，且计算中无错误，则可在测站数最多或测段长度最长的路线上多（或少）改正 1 mm。

（4）计算改正后的高差。各测段观测高差 h_i 分别加上相应的改正数 v_i，即得改正后高差。

$$\overline{h_1} = h_1 + v_1 = +1.575 - 0.012 = +1.563 \text{ m}$$

$$\overline{h_2} = h_2 + v_2 = +2.036 - 0.014 = +2.022 \text{ m}$$

改正后的高差代数和，应等于高差的理论值 $(H_B - H_A)$，即

$$\sum h_{\text{总}} = H_B - H_A = +3.247 \text{ m}$$

如不相等，则说明计算中存在错误。

（5）高程计算。测段起点高程加上测段改正后高差，即得测段终点高程。以此类推，最后推出的终点高程应与已知的高程相等，即

$$H_1 = H_A + \overline{h_1} = 65.376 + 1.563 = 66.939 \text{ m}$$

$$H_2 = H_1 + \overline{h_2} = 66.939 + 2.022 = 68.961 \text{ m}$$

最后算得的 B 点高程应与已知高程 H_B 相等，即

$$H_{B(\text{算})} = H_{B(\text{已知})} = 68.623 \text{ m}$$

否则，说明高程计算有误。

2. 闭合水准路线成果计算

闭合水准路线各测段高差的代数和应为零。如果不等于零，则其代数和为闭合水准路线的闭合差 f_h，即

$$f_h = \sum h_{\text{测}}$$

闭合水准路线计算步骤与附合水准路线基本相同。

3. 支水准路线成果计算

图 2 - 21 所示为一支水准路线。支水准路线应进行往返测量。已知水准点 A 的高程为 86.785 m，往返测站共 16 站。

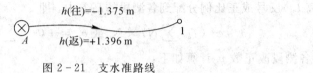

$h(往)=-1.375\ m$

$h(返)=+1.396\ m$

图 2 - 21　支水准路线

计算步骤如下：

（1）计算高差容许闭合差。

$$f_h = \sum h_{往} + \sum h_{返} = (-1.375\ m) + (+1.396\ m) = 0.021\ m = 21\ mm$$

（2）计算容许闭合差。

$$f_{h容} = \pm 12\sqrt{n} = \pm 12\sqrt{16} = \pm 48\ mm$$

因为 $|f_h| \leqslant |f_{h容}|$，故其精度符合要求，可做下一步计算。

（3）计算改正后的高差。支水准路线往返测高差的平均值即为改正后高差，其符号以往测为准，即

$$h_{A1} = (h_{往} - h_{返})/2 = [-1.375 + (-1.396)]/2 \approx -1.386\ m$$

（4）计算 1 点高程。起点高程加改正后高差，即得 1 点高程，即

$$H_1 = H_A + h_{A1} = (86.785 - 1.386)m = 85.399\ m$$

必须指出，若起始点的高程抄录错误，则计算出的高程也是错误的。因此，应用此法时需注意检查数据是否无误。

2.5　水准测量的误差及注意事项

水准测量误差包括仪器误差、观测误差和外界环境的影响三方面。在水准测量作业中，应根据产生误差的原因采取相应措施，尽量减少或消除影响。

2.5.1　仪器误差

1. 仪器校正后的残余误差

水准管与视准轴不平行，虽经校正但仍然存在残余误差。这种误差多属于系统性的，若观测时使前后视距离相等，则可消除或减弱此项误差的影响。

2. 水准尺误差

水准尺刻划不准确、尺长变化、尺身弯曲及底部零点磨损，都会直接影响水准测量的精度。因此需对水准尺进行检定，凡刻划达不到精度要求及弯曲变形的水准尺均不能使用。对于尺底的零点差，可采取在起始点之间设置偶数站的方法消除其对高差的影响。

2.5.2　观测误差

1.　水准管气泡居中的误差

由于水准管气泡未能做到严格居中，造成望远镜视准轴倾斜，产生读数误差。读数误差的大小与水准管的灵敏度有关，水准管的灵敏度主要与水准管分化值有关。此外，读数误差与视线长度成正比。视线长度越长，估读误差越大。因此，观测时都要对水准管气泡认真仔细地进行居中，且对视线长度施加限制，以保证读数精度。

2.　视差影响

当存在视差时，尺像与十字丝平面不重合，观测时眼睛所在的位置不同，读出的数也不同，因此会产生读数误差。观测时要仔细进行物镜对光，严格消除视差。

3.　水准尺的倾斜误差

如果水准尺是向视线的左右倾斜，则观测时通过望远镜十字丝可以很容易察觉并纠正。但是，如果水准尺的倾斜方向与视线方向一致，则不易察觉。尺子倾斜总是使读数增大。尺的倾斜角越大，误差越大；尺上读数（即视线距地面的高度）越大，误差也越大。如水准尺倾斜 $3°$，在水准尺上 1.5 m 处读数时，将产生 2 mm 的误差，则由此可以看出此项影响是不可忽视的。为了减少这种误差，一定要认真立尺，使尺处于铅垂位置，尺上有圆水准的应使气泡居中。当地面坡度较大时，尤其应注意将尺子扶直，并限制尺的最大读数。

2.5.3　外界环境的影响

1.　仪器下沉

仪器下沉误差是指在某一测站上读取后视读数和前视读数的过程中发生仪器下沉，使得前视读数减小，算得的高差增大。为减弱其影响，可以采用"后、前、前、后"的观测程序。这样两次高差的平均值即可消除或减弱仪器下沉的影响。

2.　水准下沉

水准尺下沉误差是指仪器在迁站过程中，转点发生下沉，使迁站后的后视读数增大，算得的高差也增大。如果采取往返测方法，并取往返高差的平均值，则可以减弱水准尺下沉的影响。最有效的方法是应用尺垫，在转点的地方放置尺垫，并将其踩实，以防止水准尺在观测过程中下沉。

3.　地球曲率及大气折光影响

用水平面代替水准面对高程产生的影响，可以用公式 $\Delta h = D^2/(2R)$ 来表示，其中地球半径 $R=6371$ km。当 $D=75$ m 时，$\Delta h=0.04$ cm；当 $D=100$ m 时，$\Delta h=0.08$ cm。显然，以水平面代替水准面时高程所产生的误差要远大于测量高程时的误差。所以，对于高程而言，即使距离很短，也不能将水准面当作水平面，一定要考虑地球曲率对高程的影响。实测中可采用中间法消除地球曲率对高程的影响。

大气折光会使视线成为一条曲率约为地球半径 7 倍的曲线，造成读数减小，这可以用公式 $\Delta h = D^2/(2\times7R)$ 来表示。视线离地面越近，折射越大，因此视线距离地面的角度不应小于 0.3 m，并且其影响也可用中间法消除或减弱。此外，应选择有利的时间进行观测，尽量避开在不利的气象条件下作业。

4. 温度的影响

温度的变化不仅引起大气折光的变化，而且当烈日照射水准管时，由于水准管本身和管内液体温度升高，气泡向着温度高的方向移动，影响仪器水平，产生气泡居中误差，观测时应注意撑起遮阳伞，防止阳光直接照射。

2.5.4 水准测量注意事项

由于测量误差是不可避免的，通常无法完全消除其影响。但可采取一定措施减弱误差影响，提高测量成果的精度。同时应绝对避免在测量成果中存在错误，因此在进行水准测量时，应注意以下各点：① 观测前对所用仪器和工具，必须认真进行检验和校正。② 在野外测量过程中，水准仪及水准尺应尽量安置在坚实的地面上；三脚架和尺垫要踩实，以防仪器和尺子下沉。③ 前后视距离应尽量相等，以消除视准轴不平行水准管轴的误差和地球曲率与大气折光的影响。④ 前后视距离一般不要超过 100 m。视线高度应使上、中、下三丝都能在水准尺上读数，以减少大气折光影响。⑤ 水准尺必须扶直不得倾斜。使用过程中，要经常检查和清除尺底泥土。塔尺衔接处要卡住，防止二、三节塔尺下滑。⑥ 读数后应再次检查气泡是否仍然吻合，否则应重读。⑦ 记录员要复诵读数，以便核对。记录要整洁、清楚端正。如果有错，不能用橡皮擦去而应在错误处画一横线，并在旁边注上改正后的数字。⑧ 在烈日下作业要撑伞遮住阳光，避免气泡因受热不均而影响其稳定性。

2.6　自动安平水准仪

自动安平水准仪是一种不用水准管即可自动获得水平视线的水准仪。由于水准管水准仪在用微倾螺旋使气泡符合时要花一定的时间，水准管灵敏度越高，整平需要的时间就越长。在松软的土地上安置水准仪时，还要随时注意气泡有无变动。而自动安平水准仪在用圆水准器使仪器粗略整平后，经过 1～2 s 即可直接读取水平视线读数。当仪器有微小的倾斜变化时，补偿器能随时调整，始终给出正确的水平视线读数。因此自动安平水准仪具有观测速度快、精度高的优点，被广泛地运用在各种等级的水准测量中。

自动安平水准仪的补偿原理如图 2-22 所示。当视准轴倾斜一个 α 角时，直角棱镜在重力作用下并不产生倾斜而处于正确位置，水平光线进入补偿器后，经第一个直角棱镜反射到屋脊棱镜，在屋脊棱镜中经三次反射后到第二个直角棱镜，从第二个直角棱镜中反射出来后与水平视线成 β 角，从而使水平光线最后恰好通过十字丝交点，达到补偿的目的。因此，当仪器粗平后，视线倾斜的范围较小时，仪器的视线就自动水平了。

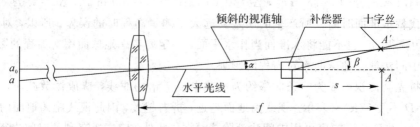

图 2-22　自动安平水准仪的补偿原理图

思考与练习

（1）设 A 为后视点，B 为前视点；已知 A 点高程是 20.016 m。当后视读数为 1.124 m，前视读数为 1.428 m 时，问 A、B 两点高差是多少？B 点比 A 点高还是低？B 点的高程是多少？请绘图说明。

（2）解释下列名词：视准轴、转点、水准管轴、水准管分划值、视线高程。

（3）何谓视差？产生视差的原因是什么？怎样消除视差？

（4）水准仪上圆水准器和管水准器的作用有何不同？

（5）水准测量时，注意前、后视距离相等；它可消除哪几项误差？

（6）试述水准测量的计算校核。它主要校核哪两项计算？

（7）调整表 2-3 中附合水准路线等外水准测量观测成果，并求出 1、2、3、4、5 点的高程。

表 2-3　附合水准测量成果计算表

测段编号	点　号	测站数	实测高差/m	改正数/m	改正后的高差/m	高程/m	备　注
1	BM$_A$	7	+4.368			57.967	
	1						
2	1	3	+2.413				
	2						
3	2	4	−3.121				
	3						
4	3	5	+1.263				
	4						
5	4	6	+2.716				
	5						
6	5	8	−3.175				
	BM$_B$					62.479	
Σ							
辅助计算							

（8）水准仪有哪几条轴线？它们之间应满足什么条件？什么是主条件？为什么？

（9）设 A、B 两点相距 80 m，水准仪安置于中点 C，测得 A 点尺上读数 $a_1 = 1.321$ m，B 点尺上的读数 $b_1 = 1.117$ m；仪器搬至 B 点附近，又测得 B 点尺上的读数 $b_2 = 1.446$ m，A 点尺上读数 $a_2 = 1.695$ m。试问仪器水准管轴是否平行于视准轴？如不平行，则应如何校正？

第3章　角　度　测　量

3.1　角度观测原理

角度测量是测量的三项基本工作之一。常用的测角仪器是经纬仪，用它可以测量水平角和竖直角。水平角测量用于确定地面点的平面位置，竖直角测量用于确定两点间的高差或将倾斜距离转换成水平距离。

3.1.1　水平角的测量原理

水平角是指相交的两条直线在同一水平面上的投影所夹的角度，或指分别过两条直线所做竖直面间夹的二面角。如图 3-1 所示，A、O、B 为地面上任意三点。其中，O 为测站点，A、B 为目标点，则从 O 点观测 A、B 的水平角为 OA、OB 两方向线垂直投影 $O'A'$、$O'B'$ 在水平面上所成的 $\angle A'O'B'$（即 β），或为过 OA、OB 的竖直面间的二面角 β'。

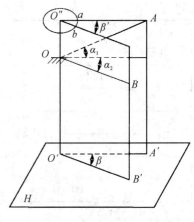

图 3-1　水平角测量

为了测量水平角值，可在角顶点 O 的铅垂线上水平放置一个有刻度的圆盘，圆盘上有顺时针方向注记的 $0°\sim360°$ 刻度，且圆盘中心在 O 点的铅垂线上。此外，应该有一个能瞄准目标的望远镜，该望远镜不但可以在水平面内转动，而且还能在竖直面内转动。通过望远镜可分别瞄准高低和远近不同的目标 A 和 B，并由圆盘得相应读数 a 和 b，则水平角 β 即为两个读数之差，即

$$\beta = b - a \tag{3-1}$$

3.1.2　竖直角的测量原理

在同一铅垂面内，照准方向线与水平线之间的夹角称为竖直角，又称为倾角或竖角，通常用 α 表示。其角值为 $0°\sim\pm90°$，一般将目标视线在水平线以上的竖直角称为仰角，角值为正，如图 3-1 中的 α_1；目标视线在水平线以下的竖直角称为俯角，角值为负，如图 3-1 中的 α_2。

为了测定竖直角，可在过目标点的铅垂面内设置一个刻度盘，称为竖直度盘（简称竖盘）。通过望远镜和读数设备可分别获得目标视线和水平视线的读数，则竖直角 α 即为目标视线读数与水平线读数之差。

要注意的是，在过 O 点的铅垂线上不同位置设置竖直度盘时，每个位置观测所得的竖直角是不同的。竖直角与水平角一样，其角值也是竖直度盘上两个方向的读数之差，不同

的是，这两个方向中必有一个是水平的。经纬仪设计时，将提供这一固定方向，即视线水平时，竖直度盘为 $90°$ 的倍数。在竖直角测量时，只需读取一个目标点的方向值，即可算出竖直角。

3.2　经纬仪的构造及使用

经纬仪是角度测量的主要仪器，经纬仪的发展经历了游标经纬仪、光学经纬仪及电子经纬仪等阶段。游标经纬仪由于精度低现在已经不使用了，而电子经纬仪观测角值可自动显示，使用方便。

经纬仪可按精度分成 DJ_{07}、DJ_1、DJ_2、DJ_6、DJ_{15} 和 DJ_{60} 等型号。其中 D、J 分别是"大地测量"和"经纬仪"的汉语拼音第一个字母，07、1、2、6、15、60 表示该仪器能达到的测量精度，即"一测回方向观测中误差"，单位为秒。"DJ"通常简写为"J"。

经纬仪按性能又可分为方向经纬仪和复测经纬仪两种。

经纬仪按读数设备则分为光学经纬仪和电子经纬仪。电子经纬仪作为近代电子技术高度发展的产物之一，正日益受到广泛应用。而目前在建筑测量中使用较多的是光学经纬仪，其中 DJ_6 型光学经纬仪是在工程中最常用的。

3.2.1　DJ_6 型光学经纬仪的构造

图 3-2 所示是北京光学仪器厂生产的 DJ_6 型光学经纬仪。虽然国内外不同厂家生产的同一级别的仪器，或同一厂家生产的不同仪器的外形和螺旋的形状、位置不尽相同，但其作用基本一致。

DJ_6 型光学经纬仪一般由基座、水平度盘和照准部三部分组成。

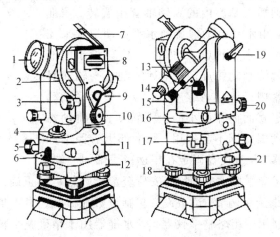

1—物镜；2—竖直度盘；3—竖盘指标水准管微动螺旋；4—圆水准器；5—照准部微动螺旋；

6—照准部制动螺旋；7—水准管反光镜；8—竖盘指标水准管；9—度盘照明反光镜；10—测微轮；

11—水平度盘；12—基座；13—望远镜调焦筒；14—目镜；15—读数显微镜目镜；16—照准部水准管；

17—复测扳手；18—脚螺旋；19—望远镜制动螺旋；20—望远镜微动螺旋；21—轴座固定螺旋

图 3-2　DJ_6 型光学经纬仪的构造

1. 基座

经纬仪的基座包括轴座、脚螺旋和连接板。轴座是将仪器竖轴与基座连接固定的部件，轴座上有一个固定螺旋，放松这个螺旋，可将经纬仪水平度盘连同照准部从基座中取出来。所以平时必须将固定螺旋拧紧，以防仪器坠落损坏。脚螺旋用来整平仪器。连接板用来将仪器稳固地连接在三脚架上。

2. 水平度盘

光学经纬仪的水平度盘和竖直度盘都是由光学玻璃制成的。度盘边缘全圆周刻画 $0°\sim 360°$，其最小间隔有 $1°$、$20''$、$30''$ 三种。水平度盘装在仪器竖轴上，套在度盘轴套上，通常按照顺时针方向注记。在水平角测量过程中，水平度盘不随照准部转动。为了改变水平度盘位置，仪器设有水平度盘转动装置。水平度盘转动装置包括以下两种结构：

（1）对于方向经纬仪，装有度盘变换手轮。在水平角测量中，若需要改变度盘的位置，可利用度盘变换手轮将度盘转到所需的位置上。为了避免作业中碰动此手轮，特设一护盖，配置完度盘后应及时盖好护盖。

（2）对于复测经纬仪，水平度盘与照准部之间的连接由复测器控制。将复测器扳手往下扳，照准部转动时就带动水平度盘一起转动。将复测器扳手往上扳，水平度盘就不随照准部转动。

3. 照准部

照准部是指经纬仪上部可转动的部分，它主要由望远镜、旋转轴、支架、竖直制动螺旋、水平制动微动螺旋、横轴、竖直度盘装置、读数设备、水准器和光学对中器等组成。

望远镜的构造与水准仪基本相同，主要用来照准目标，仅十字丝分划板稍有不同，如图 3-3 所示。照准部的旋转轴即为仪器的纵轴，纵轴插入基座内的纵轴轴套中旋转。照准部在水平方向的转动，由水平制动螺旋和水平微动螺旋来控制。望远镜的旋转轴称为水平轴（也叫横轴），它架设于照准部的支架上。放松望远镜制动螺旋后，望远镜绕水平轴在竖直面内自由旋转；旋紧望远镜制动螺旋后，转动望远镜微动螺旋，可使望远镜在竖直面内作微小的上下转动。当制动螺旋放松时，若转动微动螺旋则不起作用。照准部上有照准部水准管，用以置平仪器。竖直度盘固定在望远镜横轴的一端，

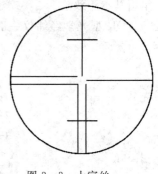

图 3-3 十字丝

随望远镜一起转动。竖盘指标水准管用于安置竖盘读数指标的正确位置，并借助支架上的竖盘指标水准管微动螺旋来调节。读数设备包括读数显微镜、测微器及光路中一系列光学棱镜和透镜。圆水准器用于粗略整平仪器；管水准器用于精确整平仪器。光学对中器用于调节仪器使水平度盘中心与地面点处于同一铅垂线上。

3.2.2 DJ₆型光学经纬仪的读数方法

光学经纬仪的水平度盘和竖直度盘的度盘分划线通过一系列的棱镜和透镜，成像于望远镜旁的读数显微镜内，观测者可通过显微镜来读取度盘读数。由于度盘尺寸有限，最小分划难以直接到秒。为了实现精密观测角度，要借助光学测微技术。不同的测微技术读数

方法也不一样，对于 DJ_6 型光学经纬仪，常用的有分微尺测微器和单平板玻璃测微器两种读数方法。

1. 分微尺测微器及读数方法

分微尺测微器的结构简单，读数方便，具有一定的读数精度，故广泛用于 DJ_6 型光学经纬仪。从经纬仪的读数显微镜中可以看到两个读数窗，如图 3 - 4 所示。注有"H"字样的小框是水平度盘分划线及其分微尺的像，注有"V"字样的小框是竖直度盘分划线及其分微尺的像。取度盘上 1°间隔的放大像为单位长，将其分成 60 小格，此时每小格便代表 1′，每 10 小格处注上数字，表示 10′的倍数，以便于读数，这就是分微尺。测量水平角时在水平度盘读数窗读取数值，测量竖直角时应在竖直度盘读数窗读取数值。读数时先看分微尺注记

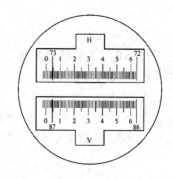

图 3 - 4　分微尺测微器读数窗

0 与 6 之间夹了哪一根度数刻划线，这根分划线的注记数就是应读的度数，所以图 3 - 4 中所示水平角可首先读出 73°，然后以该度数刻划线为指标，看分微尺注记 0 刻划到已读出的度数刻划之间共有多少格，此即为应读的分数，不足一格的量估读至 0.1′，图中所示共 4.5 格，整个读数即为 73°04.5′，记为 73°04′30″。同样，竖直角读数为 87°04′30″。

2. 单平板玻璃测微器及读数方法

单平板玻璃测微器主要由平板玻璃、测微尺、连接机构和测微轮组成。转动测微轮，单平板玻璃与测微尺绕轴同步转动。当平板玻璃底面垂直于光线时，如图 3 - 5(a)所示，读数窗中双指标线的读数是 149°+a，测微尺上单指标线读数为 0′。转动测微轮，使平板玻璃倾斜一个角度，光线通过平板玻璃后发生平移，如图 3 - 5(b)所示，当 149°分划线正好被夹在双指标线中间时，可以通过测微尺上读出移动 a 之后的读数为 23′00″。

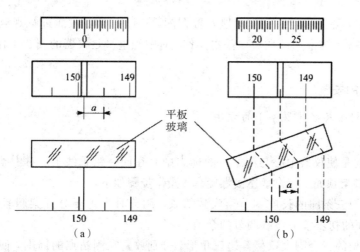

图 3 - 5　单平板玻璃测微器原理

图 3 - 6 是单平板玻璃测微器读数装置的度盘和测微分划尺影像。在视场中可看到 3 个窗口：上面窗口是测微分划像；中间窗口是竖直度盘成像；下面窗口是水平度盘成像。从水平度盘及竖直度盘成像可见，度盘上 1°间隔又分划为 2 格，所以度盘刻划到 30′，度盘窗口

中的双线是读数指标线。上面窗口的测微尺共分 30 大格，每大格又分成 3 个小格。转动测微轮，度盘分划移动 1 格(30′)时，测微尺的分划刚好移动 30 大格，所以测微尺上 1 大格的格值为 1′，1 小格的格值则为 20″，若估读到 1/4 格，即可估读到 5″。测微尺窗口中的长单线是读数指标线。

当望远镜瞄准目标时，度盘指标线一般不可能正好夹住某个度数线。所以进行水平度盘读数时，先要转动测微轮，使度盘刻划线位于指标双线正中央，读出该刻划的读数，然后在测微尺上以单指标线读出小于度盘格值(30′)的分秒数，一般估读至 1/4 格，即 5″，两读数相加即得度盘完整读数。如图 3-6(a)所示，此时水平度盘读数为 125°30′，测微尺指标线可读出 12′30″，所以整个水平度盘读数应是两数相加，即 125°42′30″。竖直度盘如图 3-6(b)所示，读数应是 257°07′30″。

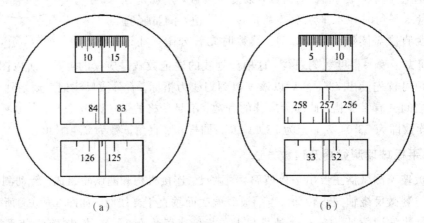

图 3-6　单平板玻璃测微器读数窗

3.2.3　DJ₆ 型光学经纬仪的使用

测量角度时，要先将经纬仪正确地安置在测站点上，然后才能进行观测。经纬仪的使用包括对中、整平、瞄准和读数 4 项基本操作。对中和整平是仪器的安置工作，瞄准和读数是观测工作。

1. 经纬仪的安置

1) 用垂球对中及经纬仪整平的方法

(1) 对中。

对中的目的是使仪器中心与测站点的标志中心在同一铅垂线上。对中整平前，先将经纬仪安装在三脚架顶面上，旋紧连接螺旋。其操作步骤如下：

① 将三脚架三条腿的长度调节至大致等长，调节时先不要分开架腿且架腿不要拉到底，以便为后面的初步整平留有调节的余地。

② 将三脚架的三个脚大致呈等边三角形，分别放置在测站点的周围，使三个脚到测站点的距离大致相等，然后再挂上垂球。

③ 两只手分别拿住三脚架的一条腿，并略抬起前后推拉，以第三个脚为圆心向左右旋转，使垂球尖对准测站点。

(2) 初步整平。

整平的目的是使仪器的竖轴垂直，即水平度盘处于水平位置。

① 若上述操作之后，三脚架的顶面倾斜仍较大，则可将两手拿住的两条腿作张开、回收的动作，使三脚架的顶面大致水平。

② 当地面松软时，可用脚将三脚架的三只脚踩实，若破坏了上述操作的结果，则可调节三脚架腿的伸缩连接部位，使受到破坏的状态复原。

（3）精确整平。

整平原理示意图如图 3 - 7 所示。先转动仪器使水准管平行于任意两个脚螺旋的连线，然后同时相反或相对转动这两个脚螺旋，如图 3 - 7(a)所示，使气泡居中，气泡移动的方向与左手大拇指移动的方向一致；再将仪器旋转 90°，置水准管于图 3 - 7(b)所示的位置，转动第三个脚螺旋，使气泡居中。按上述方法反复进行，直至仪器旋转到任何位置，水准管气泡偏离零点不超过一格为止。

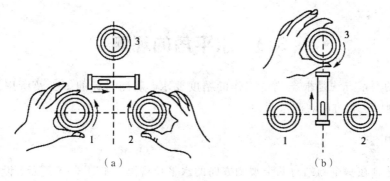

图 3 - 7 整平原理示意图

2）用光学对中器对中及经纬仪整平的方法

（1）初步对中。

从光学对中器中观察对中器分划板和测站点成像，若不清晰，则分别对对中器目镜、物镜进行调焦，直至清晰为止。固定三脚架的一条腿于测站点旁适当位置，两手分别握住三脚架另外两条腿向前后移动或左右转动，同时从光学对中器中观察，使对中器对准测站点。

（2）初步整平。

首先使经纬仪的水准管平行于三脚架的任意两条架腿的连线，调节三脚架的伸缩连接处，使经纬仪大致水平；然后将仪器旋转 90°，置水准管的水平轴线与三脚架的另一条架腿于一条直线上，调节三脚架的伸缩连接处，使经纬仪大致水平。

（3）精确整平。

操作方法与用垂球安置仪器时的精确整平操作相同。

（4）精确对中。

稍微放松连接螺旋，平移经纬仪基座，使对中器精确对准测站点。

精确整平和精确对中应反复进行，直到对中和整平均达到要求为止。

2. 观测

1）瞄准

瞄准就是用望远镜十字丝的交点精确对准目标。其操作顺序是：

（1）松开照准部和望远镜制动螺旋。

（2）调节目镜，将望远镜瞄准远处天空，转动目镜环，直至十字丝分划最清晰。

（3）转动照准部，用望远镜粗瞄器瞄准目标，然后固定照准部。

（4）转动望远镜调焦环，进行望远镜调焦（对光），使望远镜十字丝及目标成像清晰。

要注意消除视差。人眼在目镜处上下移动，检查目标影像和十字丝是否相对晃动。如有晃动现象，则说明目标影像与十字丝不共面，即存在相差、视差影响瞄准精度。此时应重新调节对光，直至无视差存在。

（5）用照准部和望远镜微动螺旋精确瞄准目标。

2）读数

打开反光镜，转动读数显微镜调焦螺旋，使读数分划清晰，然后根据仪器的读数装置进行读数。

3.3　水平角的观测

水平角的测量方法是根据测量工作的精度要求、观测目标的多少及所用的仪器而定的，一般有测回法和方向观测法两种。

3.3.1　测回法

测回法适合在一个测站有两个观测方向的水平角观测。如图 3-8 所示，设要观测的水平角为∠AOB。先在目标点 A、B 设置观测标志，再在测站点 O 安置经纬仪，然后分别瞄准 A、B 两目标点进行读数，水平度盘两个读数之差即为要测的水平角。为了消除水平角观测中的某些误差，通常对同一角度要进行盘左、盘右两个盘位观测（当观测者对着望远镜目镜时，竖盘位于望远镜左侧，称为盘左，又称正镜；当竖盘位于望远镜右侧时，称为盘右，又称倒镜。其中，盘左位置观测，称为上半测回；盘右位置观测，称为下半测回。上下两个半测回合称为一个测回。

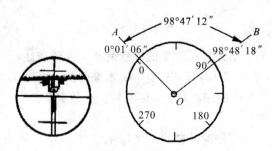

图 3-8　经纬仪瞄准目标及测回法观测水平角

具体步骤如下：

（1）将仪器安置于测站点 O 上，并进行对中、整平。

（2）从盘左位置瞄准 A 目标，读取水平度盘读数 a_1，设为 $0°01'06''$，记入表 3-1 的盘左 A 目标水平度盘读数栏；

（3）松开制动螺旋，顺时针方向转动照准部，瞄准 B 点，读取水平度盘读数 b_1，设为

$98°48'18''$，记入表 3 – 1 的盘左 B 目标水平度盘读数栏；此时完成上半个测回的观测，即

$$\beta_左 = b_1 - a_1 \tag{3-1}$$

（4）松开制动螺旋，倒转望远镜成盘右位置，瞄准 B 点，读取水平度盘的读数 b_2，设为 $278°48'12''$，记入表 3 – 1 的盘右 B 目标水平度盘读数栏。

（5）松开制动螺旋，顺时针方向转动照准部，瞄准 A 点，读取水平度盘读数 a_2，设为 $180°01'12''$，记入表 3 – 1 的盘右 A 目标水平度盘读数栏；此时完成下半个测回观测，即

$$\beta_右 = b_2 - a_2 \tag{3-2}$$

上下半测回合称为一个测回，取盘左、盘右所得角值的算术平均值作为该角的一测回角值，即

$$\beta = \frac{\beta_左 + \beta_右}{2} \tag{3-3}$$

表 3 – 1 水平角观测记录（测回法）

测站点	盘位	目标	水平度盘读数	水平角	
				半测回角值	测回值
O	左	A	$0°01'06''$	$98°47'12''$	$98°47'06''$
		B	$98°48'18''$		
	右	A	$180°01'12''$	$98°47'00''$	
		B	$278°48'12''$		

测回法的限差规定：① 两个半测回角值较差；② 各测回角值较差。对于精度要求不同的水平角，有不同的限差规定。当要求提高测角精度时，往往要观测 n 个测回，每个测回可按变动值概略公式 $180°/n$ 的差数改变度盘起始读数，其中 n 为测回数。例如测回数 $n = 4$，则各测回的起始方向读数应等于或略大于 $0°$、$45°$、$90°$、$135°$，这样做的主要目的是减弱度盘刻划不均匀造成的误差。

注意：若要观测 n 个测回，为减少度盘分划误差，各测回间应按 $180°/n$ 的差值来配置水平度盘。

3.3.2 方向观测法

当一个测站有三个或三个以上的观测方向时，应采用方向观测法进行水平角观测。方向观测法是以所选定的起始方向（零方向）开始，依次观测各方向相对于起始方向的水平角值，也称方向值。两任意方向值之差，就是这两个方向之间的水平角值。例如，图 3 – 9中为 3 个观测方向，需采用方向观测法进行观测，其观测、记录、计算及精度要求如下所述。

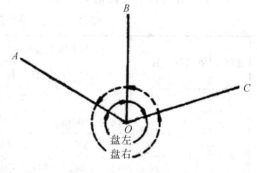

图 3 – 9 方向观测法

1. 观测步骤

(1) 安置经纬仪于测站点 O，并进行对中、整平。

(2) 盘左位置瞄准起始方向(也称零方向) A 点，并配置水平度盘读数使其略大于零。转动测微轮使对径分划吻合，读取 A 方向水平度盘读数，同样以顺时针方向转动照准部，依次瞄准 B、C 点读数。为了检查水平度盘在观测过程中有无带动，最后再一次瞄准 A 点读数，该操作称为归零。

每一次照准要求测微器两次重合读数，将方向读数按观测顺序自上而下记入表 3-2。盘左观测一次称为上半个测回。

(3) 盘右位置瞄准 A 点读取水平度盘的读数，逆时针方向转动照准部，依次瞄准 B、C、A 点，将方向读数按观测顺序自下而上记入表 3-2。盘右观测一次称为下半个测回。

上下半测回合称为一个测回。需要观测多个测回时，各测回间应按 $180°/n$ 变换度盘位置。精密测角时，当每个测回照准起始方向时，应改变度盘和测微盘位置的读数，使读数均匀分布在整个度盘和测微盘上。安置方法：照准目标后，用测微轮安置分、秒数，转动拨盘手轮安置整度及整 10 分的数。然后将拨盘手轮弹起即可。例如用 DJ$_2$ 级仪器时，各测回起始方向的安置读数的计算式为

$$R = \frac{180°}{n}(i-1) + 10'(i-1) + \frac{600''}{n}\left(i - \frac{1}{2}\right) \tag{3-4}$$

式中：n 为总测回数；i 为该测回序数。

2. 计算方法与步骤

(1) 计算半测回归零差：每半测回零方向有两个读数，它们的差值称为归零差。表 3-2 中第一测回上下半测回归零差分别为盘左 $12'' - 06'' = +6''$，盘右 $14'' - 24'' = -10''$。

(2) 计算一个测回各方向的平均值：平均值 = [盘左读数 + (盘右读数 ± 180°)]/2。例如，B 方向平均值 = [69°20'30'' + (249°20'24'' - 180°)]/2 = 69°20'27''，填入第 6 栏。

(3) 计算起始方向值：将第 6 栏两个 A 方向的平均值(00°01'15'' + 00°01'13'')/2 = 00°01'14'' 填入第 7 栏。

(4) 计算归零方向值：将各方向平均值分别减去零方向平均值，即得各方向归零方向值。注意：零方向需观测两次，故应将平均值再取平均。

例如，B 方向归零向值 = 69°20'27'' - 00°01'14'' = 69°19'13''。

表 3-2 水平角观测记录(方向观测法)

测站点	测回数	目标	水平度盘读数		平均方向值	起始方向值	归零方向值	角 值
			盘 左	盘 右				
1	2	3	4	5	6	7	8	9
		A	00°01'06''	180°01'24''	00°01'15''		00°00'00''	69°19'13''
		B	69°20'30''	249°20'24''	69°20'27''	00°01'15''	69°19'13''	55°31'00''
O	1	C	124°51'24''	304°51'30''	124°51'27''	00°01'14''	124°50'13''	
		A	00°01'12''	180°01'14''	00°01'13''			

3.4　竖直角的观测

3.4.1　竖直角的测角原理

1. 竖直角的概念

竖直角是指某一方向与其在同一铅垂面内的水平线所夹的角度。由图 3-10 可知，同一铅垂面上，空间方向线 AB 和水平线所夹的角 α 就是 AB 方向与水平线的竖直角。若方向线在水平线之上，竖直角为仰角，用"+α"表示；若方向线在水平线之下，竖直角为俯角，用"-α"表示。竖直角的角值范围是 0°~90°。

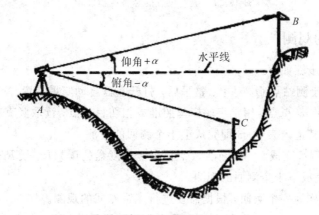

图 3-10　竖直角

2. 竖直角测量的原理

在望远镜横轴的一端竖直设置一个刻度盘(竖直度盘)，竖直度盘中心与望远镜横轴中心重合，度盘平面与横轴轴线垂直，视线水平时指标线为一固定读数，当望远镜瞄准目标时，竖盘随着转动，则望远镜照准目标的方向线读数与水平方向上的固定读数之差为竖直角。

根据上述测量水平角和竖直角的要求而设计制造的一种测角仪器称为经纬仪。

3.4.2　竖直度盘的构造

因为竖直度盘固定安装在望远镜旋转轴(横轴)的一端，其刻划中心与横轴的旋转中心重合，所以在望远镜作竖直方向旋转时，度盘也随之转动。分微尺的零分划线为读数指标线，它相对于转动的竖盘是固定不动的。根据竖直角的测量原理，竖直角 α 是视线读数与水平线的读数之差，水平方向线的读数是固定数值，所以当竖盘转动在不同位置时用读数指标读取视线读数，就可以计算出竖直角。

竖直度盘的刻划有全圆顺时针和全圆逆时针两种。图 3-11 所示为盘左位置的竖直度盘注记，图(a)为全圆逆时针方向注字，图(b)为全圆顺时针方向注字。当视线水平时指标线所指的盘左读数为 90°，盘右为 270°。对于竖盘指标的要求是：始终能够读出与竖盘刻划中心在同一铅垂线上的竖盘读数。为了满足这一要求，早期的光学经纬仪多采用水准管竖盘结构。水准管竖盘结构能将读数指标与竖盘水准管固连在一起，当转动竖盘水准管定平螺旋，使气泡居中时，读数指标处于正确位置，即可读数。现代的仪器则采用自动补偿器竖盘结构，这种结构借助一组棱镜的折射原理，自动使读数指标处于正确位置。自动补偿装置也称为自动归零装置，整平和瞄准目标后，能立即读数，因此操作简便，读数准确，速度快。

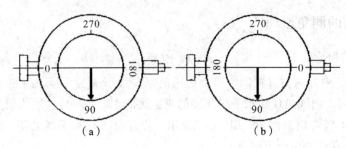

图 3-11　盘左位置的竖直度盘注记

3.4.3　竖直角的观测

竖直角的观测步骤如下：

(1) 安置仪器于测站点 O，对中、整平后，打开竖盘自动归零装置。

(2) 盘左位置瞄准 A 点，用十字丝横丝照准或相切目标点，读取竖直度盘的读数 L。设 L 为 $48°17'36''$，将其记入表 3-3 即完成上半个测回的观测。

(3) 将望远镜倒镜变成盘右，瞄准 A 点读取竖直度盘的读数 R。设 R 为 $311°42'48''$，将其记入表 3-3 即完成下半个测回的观测。

上下半测回合称为一个测回，根据需要进行多个测回的观测。

表 3-3　竖直角观测记录

测站点	目标	盘位	竖盘读数	半测回竖直角	指标差	一测回竖直角
O	A	左	$48°17'36''$	$41°42'24''$	$+12''$	$41°42'36''$
		右	$311°42'48''$	$41°42'48''$		
	B	左	$98°28'40''$	$-8°28'40''$	$-13''$	$-8°28'53''$
		右	$261°30'54''$	$-8°29'06''$		

3.4.4　竖直角的计算

竖直角是指某一方向与其在同一铅垂面内的水平线所夹的角，视线方向读数与水平线读数之差即为竖直角值。其中，水平线读数为固定值，因此只需观测目标方向的竖盘读数。度盘的刻划注记形式不同，或观测盘位不同，视线水平时的读数也不同。因此，竖直角计算应根据不同度盘的刻划注记形式所对应的计算公式来计算观测目标的竖直角。下面以顺时针方向注记形式说明竖直角的计算方法及确定计算式的方法。

如图 3-12 所示，盘左位置，视线水平时读数为 $90°$。当望远镜上仰，视线向上倾斜时，指标处读数减小。根据竖直角仰角为正的定义，盘左时竖直角的计算公式为式(3-5)。其中，如果 $L>90°$，则竖直角为负值，表示俯角。

盘右位置，视线水平时读数为 $270°$。当望远镜上仰，视线向上倾斜时，指标处读数增大。根据竖直角仰角为正的定义,盘右时竖直角的计算公式为式(3-6)。其中,如果 $R <$ $270°$,则竖直角为负值,表示俯角。

$$\alpha_L = 90° - L \tag{3-5}$$

$$\alpha_R = R - 270° \tag{3-6}$$

式中:L 为盘左竖盘读数;R 为盘右竖盘读数。

为了提高竖直角精度,取盘左、盘右的平均值作为最后结果,即

$$\alpha = \frac{\alpha_L + \alpha_R}{2} = \frac{1}{2}(R - L - 180°) \tag{3-7}$$

同理可推出全圆逆时针刻划注记的竖直角计算公式为

$$\alpha_L = L - 90° \tag{3-8}$$

$$\alpha_R = 270° - R \tag{3-9}$$

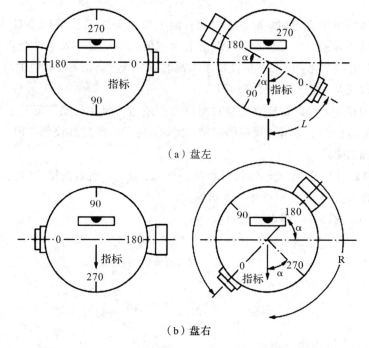

（a）盘左

（b）盘右

图 3-12 DJ$_6$ 型光学经纬仪竖直角的计算法则

3.4.5 竖盘的指标差

上述竖直角计算公式依据的是竖盘的构造和注记特点,即视线水平竖盘自动归零时,竖盘指标应指在正确的读数 $90°$ 或 $270°$ 上。有时仪器在使用过程中会受到震动或者制造上不严密,使指标位置偏移,导致视线水平时的读数与正确读数有一差值,此差值称为竖盘指标差,用 x 表示。由于指标差存在,盘左读数和盘右读数都差了一个 x 值。正确的竖直角应对竖盘读数进行指标差改正。由式(3-5)、式(3-6)可知,竖直角计算公式为

盘左竖直角值:

$$\alpha = 90° - (L - x) = \alpha_L + x \tag{3-10}$$

盘右竖直角值:

$$\alpha = (R - x) - 270° = \alpha_R - x \qquad (3-11)$$

将式(3-10)与式(3-11)相加并除以2得

$$\alpha = \frac{\alpha_L + \alpha_R}{2} = \frac{R - L - 180°}{2} \qquad (3-12)$$

取盘左、盘右所测竖直角的平均值，可以消除指标差的影响。

将式(3-11)与式(3-10)相减得指标差的计算公式为

$$x = \frac{\alpha_R - \alpha_L}{2} = \frac{1}{2}(R + L - 360°) \qquad (3-13)$$

用单盘位观测时，应加指标差改正，可以得到正确的竖直角。当指标偏移方向与竖盘注记的方向相同时指标差为正，反之为负。

注意：以上各公式是按顺时针方向注字形式推导的，同理可推出逆时针方向注字形式的计算公式。

由上述可知测量竖直角时，取盘左、盘右的平均值可以消除指标差对竖直角的影响；对同一台仪器的指标差，在短时间段内理论上为定值，即使受外界条件变化和观测误差的影响，也不会有大的变化，因此在精度要求不高时，先测定 x 值，以后观测时可以用单盘位观测加指标差改正从而得到正确的竖直角。

在竖直角测量中，常以指标差检验观测成果的质量，即在观测不同的测回中或不同的目标时，指标差的互差不应超过规定的限制。例如，用 DJ$_6$ 级经纬仪作一般工作时，其指标差互差一般不超过 $25''$。

【例题 3-1】 用 DJ$_6$ 型光学经纬仪观测一点 A，盘左、盘右测得的竖盘读数如表 3-3 所示。请计算观测点 A 的竖直角和竖盘指标差。

由式(3-5)、式(3-6)得半测回角值：

$$\alpha_L = 90° - L = 90° - 48°17'36'' = 41°42'24''$$

$$\alpha_R = R - 270° = 311°42'48'' - 270° = 41°42'48''$$

由式(3-7)得一测回角值：

$$\alpha = \frac{\alpha_L + \alpha_R}{2} = \frac{41°42'24'' + 41°42'48''}{2} = 41°42'36''$$

由式(3-13)得竖盘指标差：

$$x = \frac{\alpha_R - \alpha_L}{2} = \frac{41°42'48'' - 41°42'24''}{2} = +12''$$

一般规范规定，指标差互差的变动范围：$-25'' \leqslant DJ_6 \leqslant 25''$、$-15'' \leqslant DJ_2 \leqslant 15''$。

3.5 经纬仪的轴间关系及检验与校正

3.5.1 经纬仪各轴线间应满足的几何关系

经纬仪是根据水平角和竖直角的测角原理制造的，当水准管气泡居中时，仪器旋转轴竖直、水平度盘水平，则要求水准管轴垂直于竖轴。测水平角要求望远镜绕横轴旋转为一个竖直面，就必须保证视准轴垂直于横轴。在保证竖轴竖直时，横轴水平，则要求横轴垂直于竖轴。照准目标使用竖丝，只有横轴水平时竖丝竖直，则要求十字丝竖丝垂直于横轴。为使测角达到一定精度，仪器其他状态也应达到一定标准。综上所述，经纬仪主要轴线关系如图 3-13 所示，具体如下：

（1）照准部水准管轴垂直于仪器竖轴（$LL \perp VV$）。

（2）望远镜视准轴垂直于仪器横轴（$CC \perp HH$）。

（3）仪器横轴垂直于仪器竖轴（$HH \perp VV$）。

（4）望远镜十字丝竖丝垂直于仪器横轴。

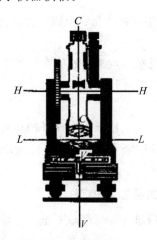

图 3-13　经纬仪主要轴线关系

3.5.2　经纬仪的检验与校正

1. 照准部水准管轴垂直于仪器竖轴的检验与校正

照准部水准管如图 3-14 所示。

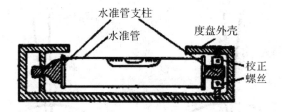

图 3-14　照准部水准管

目的：使水准管轴垂直于竖轴。

检验方法：

（1）调节脚螺旋，使水准管气泡居中。

（2）将照准部旋转 180°，观察气泡是否居中。如果气泡仍然居中，则说明满足条件，无需校正，否则需要进行校正。

校正方法：

（1）在检验的基础上调节脚螺旋，使气泡向中心移动偏移量的一半。

（2）用拨针拨动水准管一端的校正螺旋，使气泡居中。

此项检验和校正需反复进行，直到气泡在任何方向的偏离值均在 1/2 格以内。另外，经纬仪上若有圆水准器，也应对其进行检验和校正。

当管水准器校正完善并对仪器精确整平后，圆水准器的气泡也应该居中，如果不居中，应拨动其校正螺丝使其居中。

2. 十字丝的检验与校正

目的：使十字丝的竖丝垂直于横轴。

检验方法：

（1）精确整平仪器，用竖丝的一端瞄准一个固定点，再旋紧水平制动螺旋和望远镜制动螺旋。

（2）转动望远镜微动螺旋，观察黑点是否始终在竖丝上移动。若始终在竖丝上移动，则说明满足条件，无需校正，否则需要进行校正。

校正方法：

（1）拧下目镜前面的十字丝护盖，松开十字丝环的压环螺丝。

（2）转动十字丝环，使竖丝到达竖直位置，然后将松开的螺丝拧紧。此项检验和校正需反复进行。

3. 视准轴垂直于仪器横轴的检验与校正

目的：使视准轴垂直于仪器横轴，若视准轴不垂直于横轴，则偏差角为 C，称为视准轴误差。视准轴误差的检验与校正方法，通常有度盘读数法和标尺法两种。

检验方法：

（1）安置仪器，盘左瞄准远处与仪器大致同高的一点 A（如图 3 - 15（a）所示），读水平度盘读数为 b_1。

（2）倒转望远镜，盘右再瞄准 A 点（如图 3 - 15（b）所示），读水平度盘读数为 b_2。

（3）若 $b_1 - b_2 = \pm 180°$，则满足条件，无需校正，否则需要进行校正。

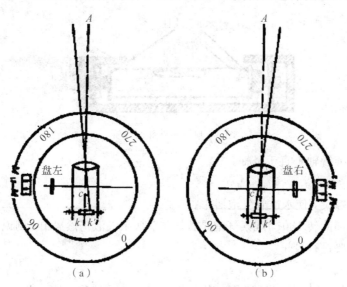

图 3 - 15　视准轴垂直于横轴的检校

校正方法：

（1）转动水平微动螺旋，使度盘读数对准正确的读数。

$$b=\frac{1}{2}[b_1+(b_2\pm180°)] \qquad (3-14)$$

（2）用拨针拨动十字丝环左右的校正螺丝，使十字丝竖丝瞄准 A 点。上述方法使用简便，在任何场地都可以进行。但对于单指标读数 DJ_6 级经纬仪来说，仅在水平度盘无偏心或偏心差影响小于估读误差时观测才有效，否则将得不到正确结果。

4. 横轴垂直于竖轴的检验与校正

检验方法：如图 3-16 所示，在 20～30 m 处的墙上选一仰角大于 30° 的目标点 P。先用盘左瞄准 P 点，放平望远镜，在墙上定出 P_1 点；再用盘右瞄准 P 点，放平望远镜，在墙上定出 P_2 点。如果 P_1 点和 P_2 点不重合，则说明横轴不垂直于竖轴，需要进行校正。当纵轴铅垂而横轴不水平时，横轴与水平线的夹角 i 为横轴误差。

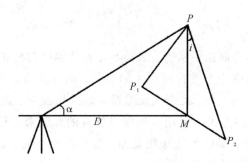

图 3-16　横轴垂直于竖轴的检验

校正方法：用十字丝交点瞄准 P_1P_2 的中点 M，抬高望远镜，并打开横轴一端的护盖，调整支承横轴的偏心轴环，抬高或降低横轴一端，直至交点瞄准 P 点。此项校正一般由仪器检修人员进行。

5. 竖盘指标差的检验与校正

目的：使竖盘指标处于正确位置。

检验方法：

（1）仪器整平后，盘左瞄准 A 目标，读取竖盘读数为 L，并计算竖直角 α_L。

（2）盘右瞄准 A 目标，读取竖盘读数为 R，并计算竖直角 α_R。

校正说明：如果 $\alpha_L=\alpha_R$ 则不需校正，否则需要进行校正。由于现在的经纬仪都具有自动归零补偿器，此项校正应由仪器检修人员进行。

6. 光学对中器的检验与校正

目的：使光学对中器的视准轴与仪器的竖轴中心线重合。

检验方法：

（1）严格整平仪器，在脚架的中央地面上放置一张白纸，在白纸上画一十字形标志 a_1。

（2）移动白纸，使对中器视场中的小圆圈对准标志。

（3）将照准部在水平方向转动 180°。

如果小圆圈的中心仍对准标志，则说明满足条件，不需校正；如果小圆圈的中心偏离标志，而得到另一点 a_2，则说明不满足条件，需要进行校正。

校正方法：定出 a_1、a_2 两点的中点 a，用拨针拨对中器的校正螺丝，使小圆圈中心对准 a 点，这项校正一般由仪器检修人员进行。

必须注意，这六项检验与校正的顺序不能颠倒，而且"水准管轴应垂直于竖轴"是其他几项检验与校正的基础，若这一条件不能满足，则其他几项的检验与校正就不能进行，因为竖轴倾斜而引起的测角误差，不能用盘左、盘右观测加以消除，所以这项检验与校正必须认真进行。

3.6　角度测量的误差来源

角度测量的精度受各方面的影响，其误差主要来源于三个方面：仪器误差、观测误差及外界环境产生的误差。

3.6.1　仪器误差

仪器误差包括仪器本身制造不精密、结构不完善及检验与校正后的残余误差，如照准部的旋转中心与水平度盘中心不重合而产生的误差、视准轴不垂直于横轴而产生的误差、横轴不垂直于竖轴而产生的误差。此三项误差都可以采用盘左、盘右两个位置取平均数来减弱。度盘刻划不均匀的误差可以采用变换度盘位置的方法来进行消除。要注意的是，竖轴倾斜误差对水平角观测的影响不能采用盘左、盘右取平均数来减弱，且观测目标越高，影响越大，因此在山地测量时更应严格整平仪器。

3.6.2　观测误差

1. 对中误差

若安置经纬仪时没有严格对中，则仪器中心与测站中心不在同一铅垂线上而引起的角度误差，称为对中误差，即仪器中心 O 在安置仪器时偏离测站点中心。对中误差与距离、角度有关。观测方向与偏心方向越接近 $90°$，测站点与目标的距离越短，偏心距 e 越大，对中误差对水平角的影响就越大。为了减少此项误差的影响，在测角时，应提高对中精度。

2. 目标偏心误差

测量中，照准目标时往往不直接瞄准地面点上的标志点，而是瞄准标志点上的目标。因此，要求照准点的目标严格位于点的铅垂线上，若安置目标偏离地面点中心或目标倾斜，则照准目标偏离照准点中心，将产生目标偏心误差。目标偏心误差对观测方向的影响与偏心距和边长有关，偏心距越大，边长越短，影响也就越大。因此照准花杆目标时，应尽可能照准花杆底部；当测角边长较短时，应当用垂球对点。

3. 照准误差和读数误差

照准误差与望远镜放大率、人眼分辨率、目标形状、光亮程度、对光时是否消除视差等因素有关。测量时选择观测目标要清晰，仔细操作消除视差。读数误差与读数设备、照明及观测者判断准确性有关。读数时，要仔细调节读数显微镜以及读数窗的光亮，并掌握估读小数的方法。

3.6.3　外界环境产生的误差

影响外界条件产生误差的因素很多，也很复杂。如温度、风力、大气折光等因素均会对角度观测产生影响。为了减少误差的影响，应选择有利的观测时间，避开不利因素，如在晴天观测时应撑伞遮阳，防止仪器暴晒。

思考与练习

（1）何谓水平角？何谓竖直角？应如何测量水平角和竖直角？

（2）经纬仪的主要轴线应满足哪几项条件？为什么？

（3）用经纬仪测量水平角时为什么要用盘左和盘右两个位置观测？它能消除哪些误差？

（4）当仪器存在视准轴误差或横轴误差时，望远镜视准轴划出来的是个什么面？

（5）如何进行照准部水准管的检验与校正？

（6）何谓竖盘指标差？怎样消除其影响？

（7）利用光学对中器如何进行仪器的对中整平？

第4章　距离测量与直线定向

4.1　钢尺测量

4.1.1　量距测量

通常使用的量距工具为钢尺、皮尺和测绳。此外，还有标杆、测钎和垂球等辅助工具。

钢尺由带状薄钢条制成，有手柄式和皮盒式两种，长度有 20 m、30 m 和 50 m 等几种。钢尺的最小刻划为 1 cm、5 cm 或 1 mm。钢尺按尺的零点位置可分为端点尺和刻线尺两种。端点尺从尺的端点开始，如图 4-1(a)所示。端点尺适合从建筑物墙边开始丈量。刻线尺以尺上刻的一条横线作为零点，如图 4-1(b)所示。使用钢尺时必须注意钢尺的零点位置，以免发生错误。

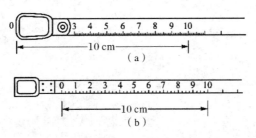

图 4-1　钢尺按尺的零点位置分类

测绳的外皮用线或麻绳包裹，中间加有金属丝，其外形如电线，并涂以蜡，每隔 1 m 包一金属片，注明米数。测绳的长度一般有 50 m 和 100 m 两种，一般用于精度要求较低的测量工作。

标杆又称花杆，长度为 2 m 或 3 m，直径为 3～4 cm，用木杆或玻璃钢管或空心钢管制成，杆上按 20 cm 间隔涂上红白漆，杆底为锥型铁脚，用于显示目标和直线定线，如图 4-2(a)所示。

测钎由粗铁丝制成，如图 4-2(b)所示，长度为 30 cm 或 40 cm，上部弯一个小圈，可套入环内，在小圈上系一根醒目的红布条，在丈量时用它来标定尺端点的地面位置和计算所量过的整尺段数。一般一组测钎有 6 根或 11 根。

垂球由金属制成，如图 4-2(c)所示，似圆锥形，上端系有细线，是对点的工具。有时为了克服地面起伏的障碍，常将垂球挂在标杆架上使用。

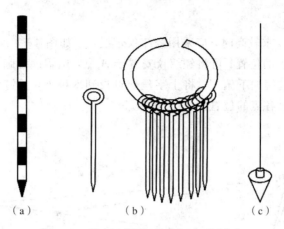

（a）　　　　　　　　（b）　　　　　　　（c）

图 4 - 2　花杆、测钎(单位：cm)和垂球

4.1.2　直线定线

要丈量地面上两点间的水平距离，就需要用标志把点固定下来，标志的种类应根据测量的具体要求和使用年限来选择。点的标志可分为临时性和永久性两种。临时性标志：将木桩打入地中，使桩顶略高于地面，再在桩顶钉一个小钉或画一个十字表示点的位置。永久性标志：在石桩顶刻十字或在混凝土桩顶埋入刻有十字的钢柱以表示点位。

为了能明显地看到远处的目标，可在桩顶的点位上竖立标杆，并在标杆顶端系上一面红白小旗；也可用标杆或拉绳将标杆竖立在点上。

直线定线就是当两点间距较长或地势起伏较大时，要分成几段进行距离丈量，为了使所量距离为直线距离，需要在两点连线方向上竖立一些标志，并把这些标志标定在已知直线上。在丈量精度不高时，可用目估法定线；如果精度要求较高，则要用经纬仪定线。

1. 目估定线

如图 4 - 3 所示，设 A、B 为直线的两个端点，在 A、B 两点之间标定 1、2 点，使其与 A、B 点成一条直线。定线方法是：先在 A、B 点上竖立标杆，观测者站在 A 点后 1～2 cm 处，由 A 端瞄向 B 点，使单眼的视线与标杆边缘相切，以手势指挥 1 点上的持杆者左右移动，直至 A、1、B 三点在一条直线上，然后将标杆竖直地插在 1 点上，再用同样的方法标定 2 点，这样就把 1、2 两点都标定在直线 AB 上了。

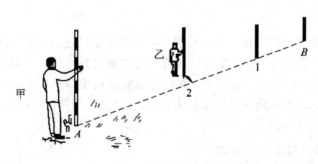

图 4 - 3　两点间定线

2. 经纬仪定线

当测量距离精度要求较高时，应采用经纬仪定线法。如图 4 - 4 所示，欲在 A、B 两点间精确定出 1，2，…点的位置，可将经纬仪安置于 A 点，用望远镜瞄准 B 点，固定照准部制动螺旋，然后将望远镜向下俯视，将十字丝交点投到木桩上，并钉小钉以确定出 1 点的位置。同法可定出其余各点的位置。

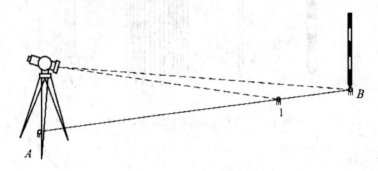

图 4 - 4 经纬仪定线

4.1.3 钢尺的检定

钢尺由于材料、刻划误差、长期使用的变形，以及丈量时温度和拉力不同的影响，其实际长度往往不等于尺上标注的长度（名义长度），因此，量距前应对钢尺进行检定。钢尺长度用尺长方程式表示，它的一般形式为

$$l_t = l_0 + \Delta l + a l_0 (t - t_0) \qquad (4 - 1)$$

式中：l_t 为钢尺在温度 t 时的实际长度（m）；l_0 为钢尺上所刻注的长度（m），即名义长度；Δl 为尺长改正数（m），即钢尺长度在温度 t_0 时的改正数；a 为钢尺的膨胀系数，对于一般钢尺，当温度变化 1 ℃时，a 值为 $11.6 \times 10^{-6} \sim 12.5 \times 10^{-6} ℃^{-1}$；$t$ 为钢尺使用时的温度（℃）；t_0 为钢尺检定时的温度（℃）。

由于式（4 - 1）未顾及拉力变化，因此丈量时的拉力应与检定时的拉力相同。一般 30 m钢尺为 98 N。

每根钢尺都应由尺长方程式得出实际长度，但尺长方程式中的 Δl 会因自然因素的影响而发生变化，故钢尺在使用一段时间后必须重新检定，得出新的尺长方程式。检定方法主要是如下两种。

1. 比长检定法

用一根已有尺长方程式的钢尺作为标准尺，与被检定尺进行比较。两根钢尺的膨胀系数被认为是相同的。检定时，将标准钢尺和被检定的钢尺并排放在平坦的地面上，并都加上规定的拉力，将两根钢尺的末端对齐，在零分划附近读出两尺的差数，然后根据标准钢尺的尺长方程式计算出被检定钢尺的尺长方程式。检定时最好在阴天或阴凉处进行，使大气温度与钢尺温度基本一致。

2. 两固定点间已知长度检定法

在地面上埋设两个固定点作为基准线，用已有尺长方程式的标准钢尺进行若干次丈量，以其平均值作为这条基准线的真实长度。一般来说，只要这两个固定位置不变，则该真实长度就可以保留较长时间。虽然地面点之间的距离不受温度影响，但若埋设时间过长，少量的位移还是有可能的，也就是说两点间的实际长度可能发生变化。所以，两点间的距离宜适当长些，这样，因点位少量位移所造成的丈量相对误差的影响就会小些。基准线长度一般为钢尺的若干倍，取基准线 300 m 比较合适。

【例 4-1】　求一根名义长度为 30 m 的钢尺的尺长方程式：用此钢尺在基准线上丈量的结果为 300.124 m，丈量时的温度是 12 ℃，这条基准线的实际长度为 300.047 m。

【解】　设被检定钢尺在丈量时的长度为 $(30+\Delta l)$ m，这是 $t=12$ ℃时的长度，而每米的长度为 $(30+\Delta l)/30$。将量得的长度与实际长度进行比较，其结果为

$$300.047 \text{ m} = 300.124 \text{ m} \times \frac{30 \text{ m}+\Delta l}{30 \text{ m}}$$

$$\Delta l = -0.008 \text{ m}$$

已知钢尺的膨胀系数 $a = 12.5 \times 10^{-6} ℃^{-1}$，则尺长的方程式为

$$l_t = 30 \text{ m} - 0.008 \text{ m} + 12.5 \times 10^{-6} ℃^{-1} \times 30 \text{ m} \times (t-12 ℃)$$

若要将检定时的温度改为 20 ℃，则首先应计算出该钢尺在 20 ℃的长度，即

$$l_t = 30 \text{ m} - 0.008 \text{ m} + 12.5 \times 10^{-6} ℃^{-1} \times 30 \text{ m} \times (20 ℃-12 ℃) = 30 \text{ m} - 0.005 \text{ m}$$

故新的尺长方程式（检定时温度为 20 ℃）为

$$l_t = 30 \text{ m} - 0.005 \text{ m} + 12.5 \times 10^{-6} ℃^{-1} \times 30 \text{ m} \times (t-20 ℃)$$

注意：不论是通过建立基准线还是用被检定钢尺来丈量基准线长度，30 m 钢尺使用的拉力都应是规定的拉力，即 98 N。

4.1.4　钢尺量距的一般方法

1. 在平坦地面上丈量

要丈量平坦地面上 A、B 两点间的距离，其做法是：先在标定好的 A、B 两点立标杆，进行直线定线，如图 4-5 所示，然后再进行丈量。丈量时，后尺手拿尺的零端，前尺手拿尺的末端，两尺手蹲下，后尺手把零点对准 A 点，喊"预备"，前尺手把尺边靠近定线标志杆，两人同时拉紧尺子，当尺拉稳后，后尺手喊"好"，前尺手对准尺的中点刻画，将一测钎竖直插在地面上。这样就量完了第一尺段。

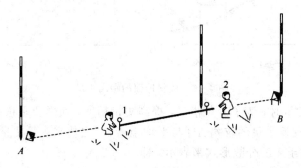

图 4-5　整尺段的距离丈量

用同样的方法，继续向前量第二，第三，…，第 N 尺段。当量完第一尺段时，后尺手必须将插在地面上的测钎拔出收好，用来计算量过的整尺段数。最后量不足一整尺段的距离。当丈量到 B 点时，由前尺手用尺上某整刻画线对准终点 B，后尺手在尺的零端读数至毫米，

量出零尺段长度 Δl。上述过程称为往测，其距离公式为

$$D = nl + \Delta l \qquad (4-2)$$

式中：l 为整尺段的长度（m）；n 为丈量的整尺段数；Δl 为零尺段长度（m）。

接着再调转尺头用上述方法从 B 点至 A 点进行返测。然后根据式（4-2）计算出返测的距离。一般往返各丈量一次称为一测回，在符合精度要求的条件下，取往返距离的平均值作为丈量结果。量距记录表的示例见表 4-1。

表 4-1　量距记录表的示例

工程名称：×××　　　　　　日期：××××.××.××　　　　　　量距：×××；×××							
钢尺型号：5 号（30 m）　　　　天气：晴天　　　　　　　　　　记录：							
测线		分段丈量长度/m		总长度/m	较差/m	精度	长度平均值/m	备注
		整尺段 nl	零尺短 Δl					
AB	往	5×30	13.863	163.863	0.070	1/2400	163.828	要求精度 ≤1/2000
AB	返	5×30	13.793	163.793				

2. 在倾斜的地面上丈量

当地面稍有倾斜时，可将尺子一端稍许抬高，就能按整尺段依次水平丈量，如图 4-6（a）所示，先分段量取水平距离，最后计算总长。若地面倾斜较大，则应使尺子一端紧靠高点桩顶，对准端点位置，另一端用垂球线紧靠尺子的某分划线，然后将尺子拉紧且保持水平。放开垂球线，使垂球自由下坠，其尖端位置即为低点桩顶。最后量出两点的水平距离，如图 4-6（b）所示。

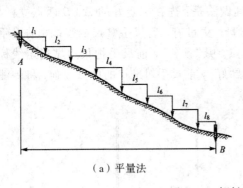

（a）平量法

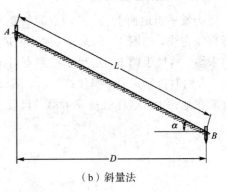

（b）斜量法

图 4-6　倾斜地面的距离丈量

在倾斜地面上丈量时，为了避免错误，提高丈量精度，通常要求进行往返丈量（距离分别为 D_1 和 D_2）。用往返丈量的较差 ΔD 与平均距离 D_P 之比来衡量丈量的精度，此比值（相对误差 W）用分子等于 1 的分数形式来表示，即

$$\Delta D = D_1 - D_2 \qquad (4-3)$$

$$D_P = \frac{1}{2}(D_1 + D_2) \qquad (4-4)$$

$$W = \frac{|\Delta D|}{D_P} = \frac{1}{D_P/|\Delta D|} \qquad (4-5)$$

若相对误差在规定的允许限度内，即 $W \leqslant W_P$，则可取往返丈量的平均值作为丈量成果；如果超限，则应重新丈量直到符合要求为止。

4.2　视　距　测　量

视距测量是一种根据几何光学原理，使用简单操作即能迅速测出两点间距离的方法。当视线水平时，视距测量测得的是水平距离。如果视线是倾斜的，要想测得水平距离，就必须先测出竖直角。有了竖直角，就可以求得测站至目标的高差。所以，视距测量也是一种能同时测得两点间距和高差的测量法。普通视距测量的测距精度为 1/300～1/200；精密度视距的测量精度可达到 1/2000。

在一般测量仪器的望远镜上都有测量距离的装置，称为视距装置。最简单的是在十字丝分划板上，除了十字丝的横丝外，还刻有两条上下对称的短丝，这就是进行视距测量的视距丝。与视距测量配套的尺子称为视距尺。视距尺可以用普通水准尺，也可以用特制视距尺。

由于视距丝的位置是固定的，因此通过视距丝所形成的角度不会改变，这种方法又称为定角视距测量。另一种方法是固定尺子的长度（如 1 m 或 2 m），尺的两端点刻有标志，用经纬仪在测站点观测该标志间的夹角 φ，由于远近距离的不同，尺子标志所对的角度也将不同，这种方法称为定基线视距测量。视差法测距用的就是这种方法。

由于望远镜的视准轴有水平和倾斜两种状态，因此得到的水平距离的计算公式不同。本节将分别进行讲述。

4.2.1　视准轴水平的视距测量

1. 外调焦望远镜的视距测量

图 4-7 所示为外调焦望远镜的视距测量原理。L 为望远镜的物镜，焦距为 f，p 是上下视距丝的间距，V 为仪器竖轴的位置，δ 为物镜到竖轴的距离。当望远镜视线水平并瞄准标尺时，标尺成像在十字丝平面上。通过上、下视距丝 a、b 可以读取标尺读数 A、B。该读数差 n 称为视距间隔。

由 $\triangle a'Fb'$ 与 $\triangle AFB$ 相似，可得

$$\frac{d}{f} = \frac{AB}{a'b'} = \frac{n}{p}, \quad d = \frac{f}{p}n$$

$$D = d + f + \delta = \frac{f}{p}n + \delta + f$$

令 $K = \dfrac{f}{p}$，$C = \delta + f$，则

$$D = Kn + C \tag{4-6}$$

式中：K 为视距乘常数；C 为视距加常数（cm）。

一般设计 $K = 100$，$C \approx 25$ cm。因 δ 随物镜调焦而有微小的变化，所以 C 也有少量的变化。

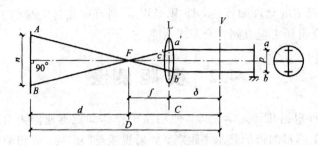

图 4-7 外调焦望远镜的视距测量原理

2. 内调焦望远镜的视距测量

对于内调焦望远镜，可以将物镜 L_1 与调焦负镜 L_2 等效为一个物镜 L，如图 4-8 所示。等效聚焦 $f=f_1 f_2/(f_1+f_2-e)$ 中，只要改变 e 即可改变等效聚焦 f。设 f_∞ 为望远镜调焦到无限远时的等效聚焦，则当调焦到距离 D 时的等效聚焦 f_D 可表示为

$$f_D=f_\infty-\Delta f$$

$$D=D'+u+\delta=\frac{f_D}{p}n+u+\delta=\frac{f_\infty}{p}n-\frac{\Delta f}{p}n+u+\delta$$

令 $K=\dfrac{f_\infty}{p}$，$C=-\dfrac{\Delta f}{p}n+u+\delta$ 则

$$D=Kn+C \tag{4-7}$$

在设计时使内调焦望远镜 $K=100$、$C\approx0$，则式（4-7）可以化简为 $D=100n$。

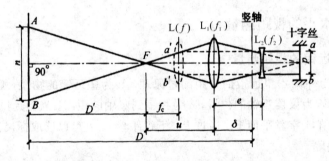

图 4-8 内调焦望远镜的视距测量原理

视线水平时的高差测量。从图 4-9 中可知，当视线水平时，A、B 两点高差 h 的计算公式为

$$h=i-l$$

式中：i 为仪器高(m)，即仪器的横轴至桩顶的距离；l 为十字丝中丝在标尺上的读数(m)。

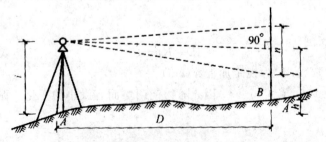

图 4-9 视线水平时的高差测量

4.2.2　视准轴倾斜的视距测量

在地面起伏的地区进行视距测量时，必须将望远镜的视线倾斜才能看到视距尺，这时视线不再垂直于视距尺。如图 4-10 所示，利用视线倾斜时的尺间距 l（M、N 的读数差）求水平距离和高差。首先要将视距尺间隔 l 换成与视线垂直的尺间隔 l'（图中为 $M'N'$），然后算出斜距 D'，最后算出水平距离 D。

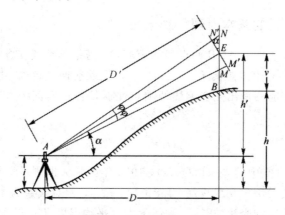

图 4-10　视线倾斜时的距离和高差测距

由于上丝、下丝与中丝的视线夹角 φ 很小，约为 $17'$，故可将 $\angle EM'M$ 与 $\angle EN'N$ 近似看成直角，则

$$l' = l\cos\alpha \tag{4-8}$$

倾斜距离

$$D' = Kl' = Kl\cos\alpha \tag{4-9}$$

水平距离

$$D = D'\cos\alpha = Kl\cos^2\alpha \tag{4-10}$$

从图 4-10 中可以看出，当视线倾斜时，待测点 B 相对于测站点 A 的高差 h 为

$$h = h' + i - s$$

式中：s 为中丝读数；$h' = Kl\cos\alpha\sin\alpha = \dfrac{1}{2}Kl\sin2\alpha$。

当仪器高与中丝读数相等时（$i = s$），$h = h'$。

4.3　电磁波测距仪

4.3.1　电磁波测距仪的概述

随着近代光学、电子学的发展和各种新型光源（激光、红外光）的相继出现，电磁波测距技术得到了迅速的发展，出现了以激光、红外光和其他光源为载波的光电测距仪与以微波为载波的微波测距仪。因为光波和微波均属于电磁波的范畴，故它们又称为电磁波测距仪。

电磁波测距仪若按测程分类，则有短程、中程和远程之分；若按测距精度分类，则有高精度和一级精度之分。若电磁波测距仪按载波分类，则采用光波（可见光或红外光）作为载波的称为光电测距，采用微波段的无线电波作为载波的称为微波测距。光电测距仪中利用的是氦氖(He—Ne)气体激光器,当其波长为 $0.6328~\mu m$ 的红色可见光时称为激光测距仪,激光测距仪的测程长、精度高;当光电测距仪中使用的载波在电磁波红外线波段波长为 $0.86\sim0.94~\mu m$ 时,称为红外测距仪。由于红外测距仪以砷化镓(GaAs)发光二极管为载波源,故其发出的红外线强度随注入电信号的强度而变化,这种发光管兼有载波源和调制器的双重功能。又由于电子线路的集成化,仪器可以做得很小,又可与测角设备和计算机结合,因此自动化程度高。本节主要对红外测距仪进行介绍,它在土建工程中的应用很广。

4.3.2 电磁波测距仪的基本原理

如图 4-11 所示,欲测定 A、B 两点间的距离 D,需把测距仪安置在 A 点,反射镜安置在 B 点。由仪器发出的光束经距离 D 到反射镜,再经反射回到仪器。由于光在大气中的传播速度 v 可以求出,如能测量出光在测线两端点往返传播的时间 t_{2D},则可按式(4-11)算出距离 D,即

$$D=\frac{1}{2}vt_{2D} \qquad (4-11)$$

式中:$v=v_0/n$。v_0 为真空中的光速值(m/s),1975 年国际大地测量学与地球物理学联合会根据各国的实验,建议采用 $v_0=299~792~458\pm1.2~m/s$,相对误差为 4×10^{-9};n 为大气折射率,它与测距仪所采用的光源波长 λ、测线上大气平均温度 T_c、气压 P 和温度 T 有关。

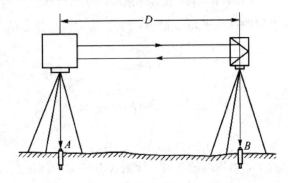

图 4-11　电磁波测距的基本原理

测定 t_{2D} 的方法有两种:一种是直接测定,另一种是间接测定。

直接测定 t_{2D} 的方法为:先测出由测距仪发出的发射脉冲的时间间隔,再按式(4-11)计算出测线的距离。一般脉冲式测距仪使用此种方法。

对式(4-11)微分得

$$dD=\frac{1}{2}vdt_{2D} \qquad (4-12)$$

如果要求测距误差 $dD\leqslant1~cm$,并取 $v_0/n=3\times10^5~km/s$,则测定时间间隔 t_{2D} 的精度为

$$dt_{2D}\leqslant\frac{2n}{v_0}dD=\frac{2}{3\times10^{10}}~s \qquad (4-13)$$

目前,用脉冲法直接测定光波传播时间的精度只有 10^{-8} s,相应的测距误差为 ±1.5 m,我国生产的 JC-1 型激光地形测距仪即属于此种。要进一步提高精度,必须采用间接的测量手段,即通过测定测距仪的发射系统发出的一种连续调制光波在测线上往返传播所产生的相对位移,来间接测定时间 t_{2D}。高精度的光电测距仪一般都采用相位法间接测定时间。因此,这种测距仪又称为相位式测距仪。

4.4　三角高程测量

前面介绍了用水准测量的方法测定点与点之间的高度差，从而可用已知高程点求得另一点的高程。应用这种方法求得的地面点的高程精度较高，普遍用于建立国家高程控制点及测定高级地形控制点的高程。但对于地面高低起伏较大的地区，用这种方法测定地面点的高程进度缓慢，有时甚至非常困难。因此，在上述地区或一般地区，如果对高程的精度要求不是很高，则常采用三角高程测量的方法传递高程。

4.4.1　三角高程测量的基本原理

进行三角高程测量所需的仪器必须具有测出竖直角的功能。为了能观测较远的目标，还应具备望远镜。如图 4-12 所示，欲在地面上 A、B 两点间测定高差 h_{AB}，需在 A 点设置仪器，在 B 点竖立标尺。量取望远镜旋转中心 O 至地面上 A 点的高度（仪器高 i），用望远镜中的十字丝横丝照准 B 点的高度（即目标高 L），并测出倾斜视线 IM 与水平视线 IN 间所夹的竖直角 α，若 A、B 两点间的水平距离为 D，则可得两点高差 h_{AB} 为

$$h_{AB} = D\tan\alpha + i - L$$

若 A 点的高程为 H_A，则 B 点高程为

$$H_B = H_A + h_{AB} = H_A + D\tan\alpha + i - L \tag{4-14}$$

具体应用式（4-14）时，要注意竖直角的正负号，当 α 角为仰角时取正号，相应地 $D\tan\alpha$ 也为正值；当 α 角为俯角时取负号，相应地 $D\tan\alpha$ 也为负值。

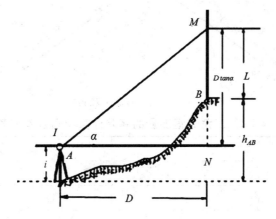

图 4-12　三角高程测量原理

当 AB 两点距离大于 300 m 时，应考虑地球曲率及大气折光对高差的影响，所加的改正数简称为两差改正。

设 c 为地球曲率改正，R 为地球半径，则 $c = D^2/2R$。设 $\gamma = -0.14D^2/2R$。故两差改正 $f = c + \gamma = (1 - 0.14)D^2/2R$。其中，$f$ 为两差改正（mm）；D 为水平距离（km）。

因此，在图根控制（为地形测图而建立的平面控制和高程控制）的三角高程测量中，当 A、B 两点的距离超过 300 m 时，应加两差改正。而在三、四等控制测量中，必须采用对外观测，即由 A 点观测 B 点，又由 B 点观测 A 点，取对向观测所得高差绝对值的平均值，以抵消两差影响。

仪器在已知高程点，观测该点与未知高程点之间的高差称为直觇。仪器设在未知高程点，测定该点与已知高程点之间的高差称为反觇。

4.4.2 三角高程测量的实施

1. 三角高程测量的操作步骤

(1) 安置经纬仪于测站点上，量取仪高 i 和目标高 L。

(2) 当中丝瞄准目标，确定仪器已对中整平时，读取竖盘读数，必须以盘左、盘右进行观测。

(3) 竖直角观测的测回数与限差按《工程测量规范》(GB 50026—2007)中规定的等级进行。

(4) 用电磁波测距仪测量两点间的倾斜距离 S，或用三角测量方法计算出两点间的水平距离 D。

2. 三角高程测量计算

三角高程测量中，往返观测所得的高差 f_h(经两差改正后)不应大于 $0.1D(D$ 为边长，以 km 为单位)。由观测求得的高差平均值计算出的闭合环线或路线闭合差的绝对值不应大于 $0.05\sqrt{\sum D^2}$。

如图 4－13 所示，在 A、B 两点间进行三角高程测量，观测结果列于图上。高差计算和闭合差调整见表 4－2。

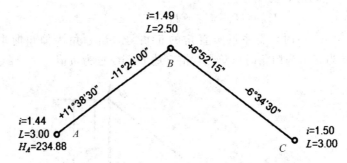

图 4－13　三角高程测量观测成果

表 4－2　三角高程测量的高差计算和闭合差调整

起算点	A		B	
欲求点	B		C	
测量方向	往	返	往	返
水平距离 D/m	581.38	581.38	488.01	488.01
竖直角 α	$11°38'30''$	$-11°24'00''$	$6°52'15''$	$-6°34'30''$
仪器高 i/m	1.44	1.49	1.49	1.50
目标高 L/m	-2.50	-3.00	-3.00	-2.50
两差改正 f/m	0.02	0.02	0.02	0.02
高差/m	118.74	-118.73	57.31	-57.23
平均高差/m	118.73		57.27	

思考与练习

1. 名词解释

(1)钢尺检验；(2)直线定线；(3)视距测量；(4)电磁波测距仪；(5)三角高程测量。

2. 选择题

(1)进行视距测量时，如果视线是水平的，则测得的是水平距离；如果视线是倾斜的，要求得水平距离，则应测出(　　)。

A. 竖直角　　　　　B. 水平角　　　　　C. 指标角　　　　　D. 该点的高程

(2)某钢尺的名义长度为 30 m，检定时的实际长度为 30.012 m，用其丈量了 23.586 m 的距离，则尺长改正数应为(　　)m。

A. −0.012　　　　　B. 0.012　　　　　C. 0.009　　　　　D. 0.022

(3)距离丈量的结果是两点间的(　　)。

A. 坐标增量　　　　B. 倾斜距离　　　　C. 水平距离　　　　D. 竖直线

(4)钢尺量距时，一般应进行的三项改正分别是尺长改正、倾斜改正和(　　)改正。

A. 高差　　　　　　B. 气压　　　　　　C. 温度　　　　　　D. 比例

(5)在距离丈量中用(　　)来衡量精度。

A. 往返较差　　　　B. 相对误差　　　　C. 系统误差　　　　D. 指标差

3. 解答题与计算题

(1)钢尺量距的工具有哪些？各有哪些用途？

(2)用钢尺进行精密量距时需要哪些改正？

(3)简述钢尺在平坦地区的量距过程。

(4)视距测量中视线水平与视线倾斜时的计算过程有哪些不同？

(5)用钢尺丈量一条直线，往测丈量的长度为 117.30 m，返测为 117.38 m，规定其相对误差不应大于 1/2000，问：① 此测量结果是否满足精度要求？② 若丈量 100 m，则往返丈量最大可以允许相差多少毫米？

第5章 全站仪和GPS技术

5.1 全站仪简介

随着科学技术的发展，出现了由电子测角、电子测距、电子计算和数据存储等单元组成的三维坐标测量系统，它是一种能自动显示测量结果，并能与外围设备交换信息的多功能测量仪器。由于该仪器较完善地实现了测量和处理过程的电子一体化，所以人们将它称为全站型电子速测仪，简称全站仪。

5.1.1 全站仪的基本构造

1. 全站仪的组成

（1）采集数据设备：主要有电子测角系统、电子测距系统、自动补偿设备等。

（2）微处理器：微处理器是全站仪的核心装置，主要由中央处理器、随机储存器和只读存储器等构成。测量时，微处理器根据键盘或程序的指令控制各分系统的测量工作，进行必要的逻辑和数值运算以及数字存储、处理、管理、传输、显示等。

通过上述两大部分有机结合，才真正体现出"全站"功能：既能自动完成数据采集，又能自动处理数据，使整个测量过程工作有序、快速、准确地进行。

2. 全站仪的分类

20世纪80年代末、90年代初，人们根据电子测角系统和电子测距系统的发展不平衡，把两种系统结构配置在一起构成全站仪。按其结构形式，全站仪分成两大类，即积木式和整体式。

1）积木式

积木式也称组合式，它是指电子经纬仪和测距仪可以分离开使用，照准部与测距轴不共轴。作业时，测距仪安装在电子经纬仪上，相互之间用电缆实现数据通信，作业结束后卸下分别装箱。对于这种仪器，用户可根据作业精度要求，选择不同测角、测距设备进行组合，灵活性较好。

2）整体式

整体式也称集成式，它是将电子经纬仪和测距仪融为一体，共用一个光学望远镜，使操作更加方便。

5.2 科力达全站仪简介

如图5-1所示，科力达全站仪是由广州科力达仪器有限公司生产的。由于其较低的价格，目前已被很多建筑公司、大中专院校采用，作为施工和教学的仪器。本节以科力达全站仪为例，介绍全站仪的性能及使用。

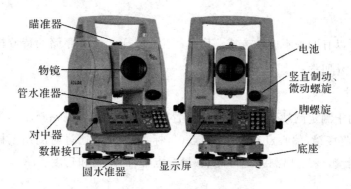

图 5-1　科力达全站仪

5.2.1　技术指标

科力达全站仪的技术指标如表 5-1 所示。

表 5-1　技 术 指 标

最大测量（单棱镜）	1.8 km
最大测程（三棱镜）	2.6 km
测距精度	2＋2 ppm
测距时间	精测 3 s，跟踪 1 s
测角方式	绝对编码式
测角精度	2″
测角探测方式	水平盘：对径；竖直盘：对径
望远镜放大倍率	30×
补偿器系统	双轴液体电子传感补偿
补偿器工作范围	±3′
补偿器精度	1″
显示类型	双面，8 行中文显示
电源	可充电镍氢电池
电池连续工作时间	8 h
重量	6.0 kg

5.2.2 基本测量程序

1）点位放样

点位放样可以有四种不同的方式。其中，三维放样元素由存储的待放样已知点和现场测站综合信息计算而来。

2）偏心测量

偏心测量用于测定测站至通视但无法设置棱镜点间，或者测站至不通视点间的距离和角度。测量时，将棱镜（偏心点）设在待测点（目标点）附近，通过对测站至棱镜（偏心点）间距离和角度的测量，来定出测站至待测点（目标点）间的距离和角度。

3）对边测量

对边测量程序可以测定任意两点间的距离、方位角和高差。测量模式既可以是相邻两点之间的折线方式，也可以是固定一个点的中心辐射方式。参加对边计算的点既可以是直接测量点，也可以是间接测量点，还可以是数据文件导入点或现场手工输入点。

4）悬高测量

悬高测量用于测量计算不可接触点的点位坐标和高程。通过测量基准点，然后找准悬高点，测量员可以方便地得到不可接触点（也称悬高点）的三维坐标，还可得到基准点和悬高点之间的高差。

5）后方交会测量

后方交会测量可通过对多个已知点的测量（角度、距离）来定出测站点的坐标。可测距时，已知点不得少于2个；无法测距时，已知点不得少于3个。

6）面积测量

面积测量程序用于测量计算闭合多边形的面积。其中，定义面积计算的点可以通过测量、数据文件导入或手工输入等方式来获得；通过图形显示可以查看面积区域的形状。

7）直线放样

直线放样用来做相对基线到设计距离的必须点的放样，也用于求从基线到一个测量点的距离。

8）点投影

点投影可将一点投影到一确定基线上。其中，待投影点的坐标可以通过测量获得，也可以由手工输入实现。投影后仪器将计算并显示从起始点到（待投影的点向基线引垂线与基线正交的）垂足之间的距离。

9）道路放样

道路放样程序可以实现道路曲线放样、线路控制，以及测设纵、横断面等功能。该程序还可以在任意中桩处插入断面，计算各类元素。同时，用道路数据编辑器可以查看、编辑甚至创建新的项目文件。

5.2.3　科力达全站仪的操作

1）仪器安置

仪器安置包括对中和整平，其方法与光学仪器相同。仪器有双轴补偿器，整平后气泡略有偏离，但对观测并无影响。

2）开机和设置

开机后仪器进行自检，自检通过后，显示主菜单。对于全站仪在测量工作中进行的一系列相关设置，除了厂家进行的固定设置外，主要包括以下内容：

（1）各种观测量单位与小数点位数的设置，包括距离单位、角度单位以及气象参数单位等。

（2）测距仪常数的设置，包括加常数、乘常数以及棱镜常数设置。

（3）标题信息、测站标题信息、观测信息。根据实际测量作业的需要，如导线测量、交点放线、中线测量、断面测量、地形测量等不同作业建立相应的电子记录文件。主要包括建立标题信息、测站标题信息、观测信息等电子记录文件。其中，标题信息包括测量信息、操作员、技术员、操作日期、仪器型号等。仪器安置好后，应在气压或温度输入模式下设置当时的气压和温度。在输入测站点号后，可直接用数字键输入测站点的坐标，或者从存储卡中的数据文件直接调用。按相关键可对全站仪的水平角置零或输入一个已知值。观测信息内容包括附注、点号、反射镜高、水平角、竖直角、平距、高差等。

3）角度、距离、坐标测量

在标准测量状态下，角度测量模式、斜距测量模式、平距测量模式、坐标测量模式之间可以互相切换，全站仪精确照准目标后，通过不同测量模式之间的切换，可得到所需要的观测值。

全站仪均备有操作手册，要全面掌握它的功能和使用，使其先进性得到充分发挥，应详细阅读操作手册。

5.2.4　注意事项

（1）严禁将仪器直接置于地上，以免砂土对仪器、中心螺旋机螺孔造成损坏。

（2）作业前应仔细、全面检查仪器，确定电源、仪器各项指标、功能、初始设置和改正参数均符合要求后，再进行测量。

（3）在烈日、雨天或潮湿环境下作业时，请务必在测伞的遮掩下进行，以免影响仪器的精度或损坏仪器。此外，在烈日下作业应避免将物镜直接照准太阳，若有需要则需安装滤光镜。

（4）全站仪是精密仪器，务必小心轻放，不使用时应将其装入箱内，置于干燥处，注意防震、防潮、防尘。

（5）若仪器工作处的温度与存放处的温度相差较大，则应先将仪器留在箱内，直至仪器适应环境温度后再使用。

（6）仪器使用完毕，应用绒布或毛刷清除表面灰尘；若仪器被雨淋湿，则切勿通电开机，应先用干净的软布将仪器轻轻擦干，再放在通风处一段时间。

（7）取下电池务必先关电源，否则会造成内部线路的损坏。将仪器放入箱内，必须先取下电池并按原布局放置；如果不取下电池可能会使仪器发生故障或耗尽电池的电能。关箱时，应确保仪器和箱子内部的干燥，如果箱子内部潮湿将会损坏仪器。

（8）若仪器长期不使用，则应将电池卸下，并与主机分开存放。电池应每月充电一次。

（9）外露光学件需要清洁时，应用脱脂棉或镜头纸轻轻擦拭干净，切不可使用其他物品擦拭。

（10）运输时应将仪器置于箱内，运输过程中要避免发生挤压、碰撞和距离振动。长途运输时最好在箱子周围放一些软垫。

（11）当发现仪器功能异常时，非专业维修人员不可擅自拆开仪器，以免发生不必要的损失。

5.3　GPS 简介

目前应用较广泛的全球卫星定位系统是美国国防部从 20 世纪 70 年代主持研制，1989年正式开始实施的以卫星为基础的无线电导航定位系统，英文全称为 Navigation by Satellite Timing and Ranging Global Positioning System，简称 GPS。起初它的研制目的是为美国陆海空三军提供一种高效、成本低廉、全球性、全天候、连续性和实时性的导航定位服务，但通过 GPS 试验卫星的应用开发，发现 GPS 可以实现毫米级的静态定位、亚米级的动态定位以及 10 纳秒级（1 纳秒＝10^{-9}秒）的定时精度，因此 GPS 被推广应用于各行业领域，并在测绘行业引起了一场深刻的技术革命。

5.3.1　GPS 组成

GPS 包括三大部分：空间部分——GPS 卫星星座；地面监控部分——地面监控系统；用户设备——GPS 接收机。

1. GPS 卫星星座

空间部分由 GPS 卫星星座组成。它的基本参数是：24 颗卫星，其中 21 颗工作卫星，3颗备用卫星；卫星分布在 6 个轨道面上，如图 5-2(a)所示。卫星高度为 20 200 km，轨道倾角为 55°，卫星运行周期为 11 小时 58 分钟（12 恒星时），载波频率为 1575.42 MHz、1227.60 MHz 和 1176.45 MHz。卫星通过天顶时，其可见时间为 5 h。在地球表面上任何地点、任何时刻，高度为 15°以上的天空中，平均可同时观测到 6 颗卫星（最多可达 11 颗，最少也有 4 颗）。

GPS 卫星空间星座的分布保障了在地球上任何地点、任何时刻至少有 4 颗卫星被同时观测，且卫星信号的传播和接收不受天气的影响。因此，GPS 是一种全球性、全天候的连续实时定位系统。

GPS 卫星的主体呈圆柱形，直径为 1.5 m，质量为 843.68 kg，卫星两侧安装有 4 片拼接成的双叶太阳能电池翼板,如图 5-2(b)所示。两侧翼板受对日定向系统控制,可以自动旋转使电池翼板面始终对准太阳,保证卫星的电源供应;卫星上装有 4 台频率稳定度为 $10^{-13} \sim 10^{-12}$ 的高精度原子钟,为距离测量提供高精度的时间基准。

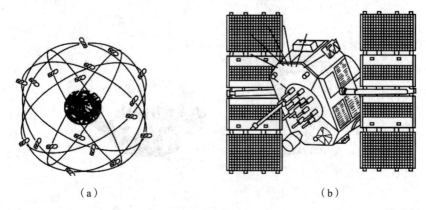

（a） （b）

图 5-2 卫星星座分布图和 GPS 卫星

GPS 卫星的基本功能如下:

（1）接收和储存由地面监控站发来的导航信息,接收并执行监控站的控制命令。

（2）借助于卫星上的微处理机进行必要的数据处理工作。

（3）通过星载的高精度铯原子钟和铷原子钟提供精密的时间标准。

（4）向用户发送定位信息。

（5）在地面监控站的指令下,通过推进器调整卫星轨道和启用备用卫星。

2. 地面监控系统

对于导航定位来说,GPS 卫星是动态已知点。卫星的位置是依据卫星发射的星历——描述卫星运动及其轨道的参数——确定的。每颗卫星的广播星历都是由地面监控系统提供的。卫星上各种设备是否正常工作,以及卫星能否一直沿预定的轨道运行,都要由地面设备进行监测和控制。地面监控系统另一重要作用是保持各颗卫星处于同一时间标准。

GPS 地面监控系统包括一个主控站、3 个注入站和 5 个监测站。主控站位于美国科罗拉多州斯平士的联合空间执行中心,3 个注入站分别位于大西洋的阿森松群岛、印度洋的迪戈加西亚和太平洋的卡瓦加兰的美国军事基地,5 个监测站除了一个设在夏威夷外,其他 4 个设在主控站和注入站处。地面监控系统功能主要有以下几方面。

（1）主控站:根据所有观测资料编算各卫星的星历、卫星钟差和大气层的修正参数,提供全球定位系统的时间基准,调整卫星运行的姿态,启用备用卫星。

（2）注入站:在主控站的控制下,将主控站编算的卫星星历、钟差和导航电文以及其他控制指令注入相应的卫星存储系统,并监测注入信息的正确性。

（3）监测站:对 GPS 卫星进行连续观测,以采集数据和监测卫星的工作情况,经计算机初步处理后,将数据传输到主控站。

3. GPS 接收机

GPS 接收机主要由主机、天线和电源三部分组成,如图 5-3(a)所示。现在的 GPS 接收机已经高度集成化和智能化，实现了将主机、接收天线和电源全部制作在天线内，如图5-3(b)所示，并能自动捕获卫星和采集数据。

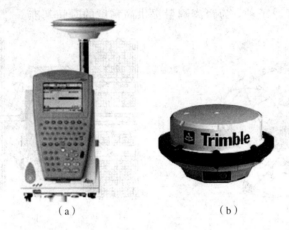

（a） （b）

图 5-3 GPS 接收机

天线由接收天线和前置放大器两部分组成。天线的作用是将 GPS 卫星信号极微弱的电磁波转化为相应的电流，而前置放大器则是将 GPS 信号电流予以放大，以便接收机对信号进行跟踪、处理和测量。GPS 测量的结果就是接收机天线相位中心的点位坐标。

接收机主机主要部件包括变频器、中频放大器、信号通道、存储器和微处理器。其主要功能是搜索、跟踪、变换、放大和处理卫星信号。

GPS 接收机的主要任务是：自动跟踪用户视界内 GPS 卫星的运行，捕获 GPS 信号；变换、放大和处理接收到的 GPS 信号；测量出 GPS 信号从卫星到接收天线的传播时间，解译 GPS 卫星发送的导航电文；实时计算出测站的三维位置，甚至三维速度和时间。

GPS 接收机根据频率、用途和载体的不同分为很多不同类型，其性能指标相差很大，价格从几百到几十万元不等。GPS 接收机的分类方法如下：

1）按频率划分

按频率 GPS 接收机可分为单频接收机和双频接收机。双频接收机可以同时接收载波 L_1、L_2($L_1=1.575$ GHz、$L_2=1227.60$ MHz)上的信号，单频接收机只能接收载波 L_1 上的信号。且双频信号可以消除电离层折射的影响，因此双频接收机的定位精度比单频接收机高，可用于基线长达几千千米的精密定位，但其价格较贵。

2）按用途划分

按用途 GPS 接收机可分为导航型、测量型和授时型。导航型接收机主要用于运动载体的导航，它可以实时给出载体的位置和速度；这类接收机价格便宜，应用广泛，一般采用 C/A 码伪距测量，单点实时定位精度只有 $10\sim30$ m。测量型接收机主要用于大地测量和工程测量，定位精度高，但仪器结构复杂，价格较贵。授时型接收机主要用于高精度授时，常用于天文台及无线电通信中时间同步。

3）按载体划分

按载体 GPS 接收机可分为手持式、车载型、航海型、航空型和星载型。

5.3.2　GPS 定位的基本原理

1. 概述

测量学中有距离交会确定点位的方法。类似地，无线电导航定位系统、卫星激光系统也是利用距离交会原理确定点位的。

就无线电导航定位来说，设在地面上有 3 个无线电信号发射塔，其坐标已知，GPS 接收机在某一时刻采用无线电测距的方法分别测得了接收机至 3 个发射塔的距离 d_1、d_2、d_3。只需要以 3 个发射台为球心，以 d_1、d_2、d_3 为半径作出 3 个球面，即可交会出 GPS 接收机的空间位置。

GPS 卫星定位也是通过距离交会原理来解算观测点坐标的。GPS 卫星是高速运动的卫星，其坐标值随时间快速变化。GPS 接收机通过接收和解译 GPS 卫星发送的卫星星历，可以实时计算出卫星的空间坐标，所以 GPS 卫星可看做是动态已知点。因为接收机上安装的是稳定性较差的石英钟，所以把接收机时钟改正数 V_{tr} 作为一个未知数来处理，这样就有 $(X，Y，Z，V_{tr})$ 4 个未知数，至少需要观测四颗 GPS 卫星到测站（GPS 接收机天线相位中心）的距离，才能通过距离交会法解算出测站坐标 $(X，Y，Z)$，如图 5-4 所示。

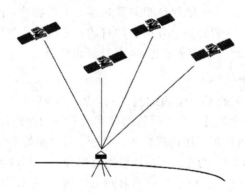

图 5-4　GPS 定位的基本原理图

2. 伪距测量

1）伪距

伪距是由卫星发射的测距码信号到达 GPS 接收机的传播时间乘以光速所得出的量测距离。由于卫星钟、接收机钟的误差以及无线电信号经过电离层和对流层的延迟，实测距离与卫星到接收机的几何距离有一定的差值，因此一般称量测出的距离为伪距。

2）GPS 信号

GPS 卫星信号是一种调制波，它在载波上调制了导航电文和测距码。

GPS 卫星的导航电文主要内容包括：卫星星历、时钟改正、电离层时延改正、工作状态信息、C/A 码转换到捕获 P 码的信息。

GPS 卫星信号同时调制了两种测距码，分别是面向军用的 P 码和民用的 C/A 码。P 码被加密，只有美国军方及其授权的特殊用户才能使用，其精度可以达到米级，频率为 10.23 MHz；C/A 码的精度为 10～30 m，频率为 1.023 MHz。

GPS 卫星信号采用二级调制方法：GPS 卫星向广大用户发送的导航电文，是一种不归零二进制码组成的编码脉冲串，称为数据码 $D(t)$ 或 D 码，频率为 50 Hz。首先，把 D 码和测距码调制在一起，形成组合码 $P(t)D(t)$ 和 $G(t)D(t)$，其中 $P(t)$ 是 P 码，$G(t)$ 是 C/A 码；然后，再把组合码 $P(t)D(t)$ 和 $G(t)D(t)$ 调制到载波 L_1、L_2 上，从而形成向用户发送的已调波。

3）测距码

伪距测量是通过测距码实现的，测距码是一种伪噪声码。所谓伪噪声码，就是一个具有一定周期的取值 0 和 1 的离散字符串，它具有类似白噪声的自相关函数。GPS 卫星所用的伪噪声码是一种 m 序列。本节以 15 bit 的 m 序列为例：

$$111100010011010$$

m 序列的突出特点是具有良好的自相关性。对于 m 序列而言，它的自相关系数是：

$$\rho(\tau)=\begin{cases} 1 & \tau=i\text{TP},\ i=0,\ \pm1,\ \pm2,\ \cdots \\ -\dfrac{1}{\text{LP}} & \tau=j\tau_0,\ j\neq0,\ j\neq n\text{PL},\ n=1,\ 2,\ 3,\ \cdots \end{cases}$$

式中：j 等于除 0 和 LP 的整数倍以外的任何数。

通俗地说，自相关系数 $\rho(\tau)$ 表示同样结构的两个 m 序列 $x_1(t)$ 和 $x_2(t)$ 之间的"相似"程度。GPS 信号接收机恰好利用 m 序列自相关系数等于 1 的特性，使 GPS 接收机接收的测距码和机内复制产生的 C/A 码达到对齐同步的目的，进而捕获和识别来自不同 GPS 卫星的伪噪声码，解译出它们所传送的导航电文，并计算出伪距。

4）测距码测距的基本原理

卫星依据自己的时钟发出某一结构的测距码，该测距码经过 Δt 时间的传播后到达接收机。接收机在自己的时钟控制下产生一组结构完全相同的测距码——复制码，并通过时延器使其延迟时间 τ。将这两组测距码进行相关处理，若自相关系数 $\rho(\tau)$ 不等于 1，则继续调整延迟时间 τ，直到 $\rho(\tau)=1$ 为止。此时复制码已经和接收到的来自卫星的测距码对齐，复制码的延迟时间 τ 就等于卫星信号的传播时间 Δt。将 Δt 乘以光速后即可求出卫星接收机的伪距。

由于测距码和复制码在产生的过程中均不可避免地存在误差，而且测距码在传播过程中还会由于各种外界干扰而产生变形，因此参加比对的这两组测距码虽然从理论上讲结构是完全相同的，但实际上难免存在差异。所以自相关系数不可能达到理论值"1"，只能在自相关系数 $\rho(\tau)=\max$ 时就认为这两组测距码已经对齐。

5.3.3　GPS 定位的几个基本概念

1. 静态定位

在定位观测时，若 GPS 接收机天线在捕获和跟踪 GPS 卫星的过程中固定不变，则称为静态定位。观测对象既可以是一个固定点，也可以是若干点位构成的 GPS 网。静态定位的特点是多余观测量大，可靠性强，定位精度高。在进行控制网观测时，一般均采用静态定位，它能最大限度地发挥 GPS 的定位精度。

2. 动态定位

运动载体上的 GPS 接收机天线在跟踪 GPS 卫星的过程中相对地球运动，接收机用

GPS 信号实时测得运动载体的状态参数(瞬间三维位置和三维速度),称为动态定位。动态定位的特点是多余观测量少,定位精度低。

3. 单点定位

独立确定待定点在坐标系中绝对位置的方法称为单点定位。单点定位的优点是只需要一台接收机即可独立定位,且数据观测较为方便,数据处理速度快,无多值性问题,所以在运动载体的导航定位上得到了广泛的应用。单点定位的缺点是定位结构受卫星钟的钟误差、卫星星历误差、卫星信号在大气中的传播误差的影响比较显著,定位精度比较差,一般为 10~30 m。

4. 差分定位

差分定位又叫相对定位,是确定同步跟踪相同的 GPS 卫星信号的若干台接收机之间相对位置的一种定位方法。由于用同步观测资料进行相对定位时,对于几个同步测站来讲有许多误差是相同或大体相同的(如卫星钟的钟误差、卫星星历误差、卫星信号在大气中的传播误差),在相对定位的过程中这些误差可以消除或大幅度削弱,从而获得更高精度的相对位置。相对定位的解算结果不再是点位坐标(X, Y, Z),而是各观测点之间的三维坐标差$(\Delta X, \Delta Y, \Delta Z)$(又称为基线向量)。差分定位至少需要给出 GPS 网中一点的已知坐标才能求出其余各点的坐标。但在测绘工作中,为了检验解算结果的可靠性,一般要求至少给出两个点的已知坐标,其中一个用作起算点,其他各点用作检核点。差分定位不仅可以用于静态定位,也可以用于动态定位。

根据测距原理的不同,差分定位可以分为伪距差分定位和载波相位差分定位。伪距差分定位的精度可以达到亚米级,一般用于对精度要求不高的地图测量及放样工作;载波相位差分定位的精度可达到毫米级,控制测量时必须使用载波相位差分定位才能满足要求。

在已知坐标的点上安置一台 GPS 接收机(称为基准站),利用已知坐标和卫星星历计算出观测值的校正值,并通过无线电通信设备将校正值发送给运动中的 GPS 接收机(流动站)。流动站应用接收到的校正值对自己的 GPS 观测值进行改正,以消除卫星钟差、接收机钟差、大气电离层和对流层折射误差的影响,这种 GPS 观测方法称为实时差分定位(或动态差分定位)。动态差分定位运用的是动态 RTK 技术。根据测距原理不同,动态 RTK 技术也可分为伪距实时差分和载波相位实时差分两类。

实时差分定位必须使用带实时差分功能的 GPS 接收机才能够进行。实时差分定位技术的关键在于数据处理技术和数据传输技术,它要求基准站接收机实时地把观测数据(伪距观测值、相位观测值)及已知数据传输给流动站接收机。因数据量比较大,一般要求波特率达到 9600 b/s,这在无线电上不难实现。载波相位实时差分(Real Time Kinematic,RTK)技术是一种按载波相位定位原理进行实时动态定位的技术。由于要解算整周模糊度,所以要求基准站与流动站之间同步接收相同的卫星信号,且两者相对距离要小于 30 km,其定位精度可以达到 1~2 cm。

动态 RTK 技术可广泛应用于图根点测量、地形图碎部点测量和工程放样中。相比传统测量工作,动态 RTK 技术可以大大减少人力强度,提高工作效率。通常使用动态 RTK 技术测一个控制点只需几分钟甚至几秒钟即可。

5.3.4 全球卫星定位系统测量实施

GPS 测量与常规测量过程相类似，在实际工作中也分为测前准备、外业实施及数据处理 3 个阶段。

1. 测前准备

测前准备阶段的主要工作包括项目立项、技术设计、资料收集与整理、设备检验、实地踏勘、人员组织等。

1) 项目立项

项目立项的内容包括如下：

(1) 测区位置及其范围，即测区的地理位置、范围，控制网的控制面积。

(2) 用途和精度等级，即控制网将用于何种目的，其精度要求是多少，要求达到何种等级。

(3) 点位分布及点的数量，即控制网的点位分布、点的数量和密度要求，以及是否存在对点位分布有特殊要求的区域。

(4) 提交成果的内容，即用户需要提交哪些成果，所提交的坐标成果分别属于哪些坐标系，所提交的高程成果分别属于哪些高程系统，除了提交最终的结果外，是否还需要提交原始数据或中间数据等。

(5) 时限要求，即何时是提交成果的最后期限。

(6) 投资经费，即对工程经费的投入数量。

2) 技术设计

负责 GPS 测量的单位在获得测量任务后，需要根据项目要求和相关技术规范进行测量工程的技术设计。

3) 资料收集与整理

在开始进行外业测量之前，对现有测绘资料的收集与整理也是一项极其重要的工作。需要收集整理的资料主要包括测区及周边地区可利用的已知点的相关资料（点之记、坐标等）和测区的地形图等。

4) 设备检验

对将用于测量的各种设备，包括 GPS 接收机及其相关设备、气象仪器等进行检验，以确保它们能够正常工作。

5) 实地踏勘

在完成技术设计和测绘资料搜集与整理后，需要根据技术设计的要求对测区进行踏勘，了解设计方案是否符合实地情况。

6) 人员组织

根据 GPS 点的数量、时限要求和 GPS 仪器的数量，确定观测人员数量。观测前应该指定一名现场技术负责人，负责整个方案的进度控制、人员调遣、质量检查以及应急事件的处理。

2. 外业实施

GPS 测量的外业实施包括选点、埋设标志、观测和记录等工作内容。

1）选点

与传统控制测量的选点相比，由于 GPS 测量不要求测站间相互通视，且网的图形结构比较灵活，所以选点工作简单很多。但由于点位的选择对于保证观测工作的顺利进行和保证测量结果的可靠性有重要意义，所以在选点工作开始前，除了收集和了解有关测区的地理情况和原有测量控制点分布及标型、标石完好情况外，选点工作还应遵守以下原则：

（1）点位应设在地面基础稳定，易于保存点的地方。最好设在交通方便、易于安装接收机、视野开阔的较高点上，便于与其他观测手段扩展与联测。

（2）点位目标要显著，视场周围 15°以上不应有障碍物，以减小 GPS 信号被遮挡或被障碍物吸收。为了避免电磁场对 GPS 信号的干扰，点位应远离大功率无线电发射源（如电视塔、微波站等），其距离不小于 200 m；也应远离高压输电线。

（3）点位附近不应有大面积水域或不应有强烈干扰信号接收的物体，以减弱多路径效应的影响。

（4）选点人员应按技术设计进行踏勘，在实地要求选定点位。

（5）当所选点位需要进行水准联测时，选点人员应实地踏勘水准路线，提出有关建议。

（6）网形应有利于同步观测边、点联测。

（7）应用旧点时，应对旧点的稳定性、完好性及觇标是否安全可用进行认真检查，符合要求后方可使用。

2）埋设标志

GPS 网点一般应埋设具有中心标志的标石，以精确标志点位，点的标石和标志必须稳定、坚固，利于长久保存和应用。在基岩露头地区，也可直接在基岩上嵌入金属标志。每个点位标石埋设结束后，应提交以下资料：

（1）点之记。

（2）GPS 网的选点网图。

（3）土地占用批准文件和测量标志委托保管书。

（4）选点与埋石工作技术总结。

3）观测和记录

与架设传统测绘仪器相同，先把天线架设在三脚架上，再在距离天线适当位置的地面上安放 GPS 接收机，然后接通接收机与电源、天线、控制器的连接电缆，即可启动接收机进行观测。

一般来说，在外业观测工作中，仪器操作人员应注意以下事项：

（1）GPS 观测方法必须遵守静态 GPS 测量作业技术规定，见表 5-2。

（2）架设天线不应过低，一般应距地面 1 m 以上。天线架设好以后，在圆盘天线间隔 120°的 3 个方向分别量取天线高，3 次测量结果之差不应超过 3 mm，取这 3 次结果的平均值记入测量观测手簿，天线高记录取位到 0.001 m。仪器高要在观测开始、结束时各量测一次，并及时输入仪器和记入测量观测手簿。

（3）当确认外接电源电缆及天线等各项连接完全无误后，方可接通电源，启动接收机。

观测过程中要特别注意供电情况，听到仪器低电压报警要及时予以处理，否则可能会造成仪器内部数据的破坏或丢失。

（4）在正常情况下，一个时段观测过程中不允许进行以下操作：关闭又重新启动；进行自测试；改变卫星高度角；改变天线位置；改变数据采样间隔；按动关闭文件和删除文件等功能键。

（5）进行高精度 GPS 观测时，一般应在每一观测时段的始、中、末各观测记录一次气象元素，当时段较长时可以适当增加观测次数。

（6）在观测过程中不要靠近接收机使用对讲机；雷雨季节架设天线要防止雷击，雷雨过境时应关机停测，并卸下天线。

（7）经认真检查，测站的全部预定作业项目均已完成且记录与资料完整无误后方可迁站。

（8）每日观测结束后，应及时将数据导入计算机，确保数据不丢失。

表 5 - 2　静态 GPS 测量作业技术规定

等　　级	二　等	三　等	四　等	一　级	二　级
卫星高度角/(°)	≥15	≥15	≥15	≥15	≥15
PDOP	≤6	≤6	≤6	≤6	≤6
有效观测卫星数	≥4	≥4	≥4	≥4	≥4
平均重复设站数	≥2	≥2	≥1.6	≥1.6	≥1.6
时段长度/min	≥90	≥60	≥45	≥45	≥45
数据采样间隔/s	10～60	10～60	10～60	10～60	10～60

3. 数据处理

每一个厂商所生产的接收机都会配备相应的数据处理软件，虽然它们的使用方法会有各自不同的特点，但是，无论是哪种软件，它们在使用步骤上是大体相同的。GPS 基线解算的过程如下：

(1) 原始观测数据的导入。

各接收机厂商随接收机一起提供的数据处理软件都可以直接处理从接收机中传输出来的 GPS 原始观测值数据，而由第三方所开发的数据处理软件则不一定能对各接收机的原始观测数据进行处理，要处理这些数据，首先需要进行格式转换。目前，最常用的格式是 RINEX 格式，对于按此种格式存储的数据，大部分的数据处理软件都能直接处理。

(2) 外业输入数据的检查与修改。

在读入了 GPS 观测值数据后，就需要对观测数据进行必要的检查，检查的项目包括：测站名、点号、测站坐标、天线高等。检查的目的是为了避免外业操作时的误操作。

(3) 基线解算。

先设定基线解算的控制参数。它是基线解算时的一个非常重要的环节，通过控制参数的设定，可以确定数据处理软件应采用何种处理方法进行基线解算。选择较好的控制参数可以提高基线解算精度。如何设置控制参数，要根据 GPS 观测数据的实际情况而定。

设置好控制参数后，就可以进行基线解算。基线解算的过程一般是自动进行的，无需过多的人工干预。

基线解算完毕后，基线结果并不能马上用于后续的处理，还必须对基线的质量进行检验，只有质量合格的基线才能用于后续的数据处理，如果不合格，则需要对基线进行重新解算或重新测量。

（4）网平差。

先进行三维无约束平差。根据无约束平差的结果，判别所构成的 GPS 网中是否有粗差基线，如发现含有粗差基线，则需要进行相应的处理，必须使最后用于构网的所有基线向量均满足质量要求。

在进行完三维无约束平差后，需要进行约束平差或联合平差，平差可根据需要在三维空间中进行或在二维空间中进行。约束平差的具体步骤是：

① 指定进行平差的基准和坐标系统。

② 指定起算数据。

③ 检验约束条件的质量。

④ 进行平差解算。

（5）成果转化输出。

根据实际生产需要，将施工坐标转化为当地坐标，一般商用软件均有该功能。

思考与练习

（1）简述全站仪的分类。

（2）全站仪有哪些基本测量程序？

（3）GPS 的含义是什么？与传统测量相比 GPS 有何特点？

（4）GPS 系统由哪些部分组成？各部分的主要功能是什么？

第6章　测量误差的基本知识

6.1　测量误差的分类

6.1.1　测量误差产生的原因

测量实践表明，对某一未知量进行多次观测时，不论采用的仪器多么精密，观测多么仔细，各观测值之间总会存在差异。例如，对某一距离往返丈量若干次，每次的观测结果都不一样，这说明观测值中存在误差。测量误差是不可避免的，产生测量误差的原因有很多，概括起来主要有以下三个方面。

1. 仪器的原因

测量工作是需要用测量仪器进行的，而每一种测量仪器的精确度是有限的，因此会对测量结果造成一定影响。例如，DJ₆级经纬仪的水平度盘分划误差可能达到 $3''$，因此所测的水平角会存在误差。另外，仪器结构的不完善，如水准仪的视准轴不平行于水准管轴，也会产生误差。

2. 人的原因

由于观测者感觉器官的鉴别能力存在局限性，在对仪器进行对中、整平、瞄准和读数等操作时都会产生误差。例如，在厘米分划的水准尺上，由观测者估读毫米数，则 1 mm 以下的估读误差就极有可能产生。另外，观测者的技术熟练程度也会给观测成果带来不同程度的影响。

3. 外界环境的影响

测量工作进行时所处的外界环境(如空气温度、风力、日光照射、大气折光、烟雾等)是时刻变化的，这必然使测量结果产生误差。例如，温度变化钢尺产生伸缩，风吹和日光照射使仪器的安置不稳定，大气折光使望远镜的瞄准产生偏差等。

人、仪器和环境是观测误差产生的主要因素，总称为观测条件。无论观测条件如何，观测结果都会存在误差。

6.1.2　测量误差的分类及处理方法

根据测量误差的性质，测量误差可分为系统误差和偶然误差。对于不同的误差，应用不同的方法处理。

1. 系统误差

在相同的观测条件下对某个固定量进行多次观测，如果观测结果在正负号及量的大小上表现出一致的倾向，即按一定的规律变化或保持为常数，则将这类误差称为系统误差。例如，用一把名义长度为 20 m，而实际比 20 m 长出 Δ 的钢卷尺去量距，测量结果为 D'，则 D' 中就含有因尺长不准确而带来的误差 $(\Delta \times D')/20$。这种误差的大小与所量直线长度成正比，且正负号始终一致，所以这种误差属于系统误差。

系统误差对观测结果的危害很大，但由于它具有规律性，因此可以设法将其消除或减弱。例如，对于上述钢尺量距的例子，可利用尺长方程式对观测结果进行尺长改正。又如，在水准测量中，可以用前、后视距相等的办法来减小仪器视准轴不平行于水准管轴给观测结果带来的影响；也可以在测站上以后黑—前黑—前红—后红的观测顺序来减小仪器下沉对观测结果带来的影响；等等。

2. 偶然误差

在相同的观测条件下对某个固定量所进行的一系列观测，如果观测结果的差异在正负号和数值上都没有表现出一致的倾向，即没有任何规律性，如读数时估读小数的误差等，则将这种误差称为偶然误差。

在观测过程中，系统误差和偶然误差总是同时产生的。当观测结果中有显著的系统误差时，偶然误差就处于次要地位，观测结果就会呈现出"系统"的性质。反之，当观测结果中系统误差处于次要地位时，观测结果就会呈现出"偶然"的性质。

由于系统误差在观测结果中具有积累的性质，这对观测结果的影响尤为显著，因此在测量工作中总要采用各种办法来削弱系统误差的影响，使其处于次要地位。研究偶然误差占主导地位的观测数据的科学处理方法，是测量学的重要课题之一。

在测量中，除不可避免的误差外，还可能发生错误。例如，在观测时读错读数、记录时记错等，这些都是由于观测者的疏忽大意造成的。在观测结果中是不允许存在错误的，一旦发现错误，必须及时更正。

6.2　观测值的算术平均值

6.2.1　观测值的算术平均值

在相同的观测条件下，对某个未知量进行 n 次观测，其观测值分别为 $l_1, l_2, \cdots, l_n$，取这些观测值的算术平均值 $\bar{x}$ 作为该量的最可靠数值，则该值称为最或是值，即

$$\bar{x} = \frac{l_1 + l_2 + \cdots + l_n}{n} = \frac{[l]}{n} \tag{6-1}$$

多次获得观测值而取算术平均值的合理性和可靠性，可以用偶然误差的特性来证明。设某一个量的真值为 X，各次观测值为 $l_1, l_2, \cdots, l_n$，其相应的真误差为 $\Delta_1, \Delta_2, \cdots, \Delta_n$，则

$$\Delta_1 = X - l_1$$
$$\Delta_2 = X - l_2 \tag{6-2}$$
$$\vdots$$

$$\Delta_n = X - l_n$$

将上列等式相加，并除以 n，得到

$$\frac{[\Delta_n]}{n} = X - \frac{[l]}{n} \tag{6-3}$$

根据偶然误差的特性，当观测次数无限增多时，$\dfrac{[\Delta_n]}{n}$ 就会趋近于零，即

$$\lim \frac{[\Delta_n]}{n} = 0$$

也就是说，当观测值无限增多时，观测值的算术平均值趋近于该量的真值。实际工作中，不可能对某一个量进行无限次的观测，因此，就把有限个观测值的算术平均值作为该量的最或是值。

6.2.2 观测值的改正值

算术平均值与观测值之差称为观测值的改正值 v，即

$$\begin{aligned}
v_1 &= \overline{X} - l_1 \\
v_2 &= \overline{X} - l_2 \\
&\vdots \\
v_n &= \overline{X} - l_n
\end{aligned} \tag{6-4}$$

将上列等式相加，得

$$[v] = n\overline{X} - [l]$$

再根据式(6-1)，得到

$$[v] = n\frac{[l]}{n} - [l] = 0 \tag{6-5}$$

因此，一组观测值取算术平均值后，其改正值之和恒等于零。式(6-5)可以作为计算中的校核。对于一组等精度的观测值，取其算术平均值作为最或是值的合理性还可以用各个改正值 v_i 符合最小二乘原则来说明。

设在式(6-4)中以 $\overline{X}$ 为自变量(待定值)，则改正值 v_i 为自变量 $\overline{X}$ 的函数。如果要使各个改正值的平方和为最小值(称为最小二乘原则)，即

$$[vv] = [(\overline{X} - l)^2] = \min$$

以此作为条件来求待定值 $\overline{X}$，则令

$$\frac{D[vv]}{\mathrm{d}X} = 2[(\overline{X} - l)] = 0$$

得

$$n\overline{X} - [l] = 0$$

$$\overline{X} = \frac{[l]}{n}$$

由此可知，取一组等精度观测值的算术平均值作为最或是值，并据此得到各个观测值的改正值，符合 $[vv] = \min$ 的最小二乘原则。

6.3　评定精度的标准

6.3.1　中误差

在一定的观测条件下进行一组观测，它对应着一定的误差分布。如果该组误差值总体来说偏小，即误差分布比较密集，则表示该组观测质量较好，这时标准差 σ 的值也较小；反之，则表示该组观测质量较差，标准差 σ 的值也较大。因此，一组观测误差所对应的标准差值的大小反映了该组观测结果的精度。所以在评定观测精度时，不要再做误差分布表，也不要绘制直方图，而要设法计算出该组观测结果的精度。

求 σ 值时要求观测个数 $n \to \infty$，但实际是不可能的。因为在测量工作中观测个数总是有限的，所以评定精度时一般采用式（6-6）计算。

$$m = \pm \sqrt{\frac{[vv]}{n}} \qquad (6-6)$$

式中：m 为中误差；方括号 $[\ ]$ 表示总和。

从式（6-6）可以看出，标准差 σ 跟中误差 m 的不同在于观测个数 n。标准差表征了一组同精度观测在 $n \to \infty$ 时误差分布的扩散性，即理论上的观测精度指标。而中误差则是一组同精度观测在 n 为有限个数时的观测精度指标。中误差实际上是标准差的近似值（估值），随着 n 的增大，m 将趋近于 σ。

必须指出，在相同观测条件下进行的一组观测，其得出的每一个观测值都称为同精度观测值。由于它们对应着一个误差分布，即对应着一个标准差（标准差的估值即为中误差），因此，同精度观测值具有相同的中误差。但是，同精度观测值的真误差却彼此并不相等，有的差别还比较大，这是因为真误差具有偶然误差的性质。

在应用式（6-6）求同精度观测值的中误差 m 时，真误差 Δ 可以是同一个量的同精度观测值的真误差，也可以是不同量的同精度观测值的真误差。在计算 m 值时应注意取 $2 \sim 3$ 位有效数字，并在数值前冠以"$\pm$"，数值后写上单位。

【例 6-1】　对某个三角形分别用两种不同的精度进行 10 次观测，求得每次观测的三角形内角和的真误差为

第一组：$+3''$，$-2''$，$-4''$，$+2''$，$0''$，$-4''$，$+3''$，$+2''$，$-3''$，$-1''$

第二组：$0''$，$-1''$，$-7''$，$+2''$，$+1''$，$+1''$，$-8''$，$0''$，$+3''$，$-1''$

试求这两组观测值的中误差。

【解】　这两组观测值的中误差（由三角形内角和的真误差而得的中误差，也称为三角形内角和的中误差）计算如下：

$$m_1 = \pm \sqrt{\frac{3''^2 + 2''^2 + 4''^2 + 2''^2 + 0''^2 + 4''^2 + 3''^2 + 2''^2 + 3''^2 + 1''^2}{10}} = \pm 2.7''$$

$$m_2 = \pm \sqrt{\frac{0''^2 + 1''^2 + 7''^2 + 2''^2 + 1''^2 + 1''^2 + 8''^2 + 0''^2 + 3''^2 + 1''^2}{10}} = \pm 3.6''$$

通过比较 m_1 和 m_2 的值可知，第一组的观测精度比第二组的观测精度高。

显然，对多个三角形进行同精度观测（相同的观测条件），既可求得每个三角形内角和

的真误差，也可求得观测值(三角形内角和)的中误差。

6.3.2 相对中误差

对于评定精度来说，有时利用中误差还不能反映测量的精度。例如，丈量两条直线时，量得一条长度为 100 m，另一条长度为 20 m，虽然它们的中误差都是 ± 10 mm，但是却不能说明两者的测量精度相同(实际上是前者优于后者)。若利用中误差与观测值的比值 m_i/L_i 来评定精度，则称此比值为相对中误差。相对中误差都要求写成分子为 1 的分式，即 $1/N$。故例 6-1 中 $m_1/L_1=1/10\ 000$，$m_2/L_2=1/2000$，可见 $m_1/L_1<m_2/L_2$，即前者的精度比后者高。

有时求得真误差和容许误差后，也用相对误差来表示。例如，在进行导线测量时，假设起算数据没有误差，则求出的全长相对闭合差也就是相对真误差，而《工程测量规范》(GB 50026—2007)中规定的全长相对闭合差不能超过 1/2000 或 1/5000，这指的是相对容许误差。

6.3.3 容许误差

当统计误差个数无限增加、误差区间无限减小时，频率将逐渐趋于稳定而成为概率，根据正态分布曲线可以表示出误差出现在微小区间 $d\Delta$ 中的概率，即

$$P(\Delta) = f(\Delta)d\Delta = \frac{1}{\sqrt{2\pi}\,m}e^{-\frac{\Delta^2}{2m^2}}d\Delta \qquad (6-7)$$

根据式(6-7)的积分，可以得到偶然误差在任意大小区间中出现的概率。设以 k 倍中误差为区间，则在此区间中误差出现的概率为

$$P(|\Delta|\leqslant km) = \int_{-km}^{+km}\frac{1}{\sqrt{2\pi}\,m}e^{-\frac{\Delta^2}{2m^2}}d\Delta \qquad (6-8)$$

分别以 $k=1$、$k=2$、$k=3$ 代入式(6-8)，可得到偶然误差的绝对值不大于 1 倍中误差、2 倍中误差和 3 倍中误差的概率，即

$$P(|\Delta|\leqslant 1m)=0.683=68.3\%$$
$$P(|\Delta|\leqslant 2m)=0.954=95.4\%$$
$$P(|\Delta|\leqslant 3m)=0.997=99.7\%$$

由此可见，偶然误差的绝对值大于 2 倍中误差的约占误差总数的 5%，而大于 3 倍中误差的仅占误差总数的 0.3%。由于进行测量的次数有限，因此 3 倍中误差应该很少遇到，一般以 2 倍中误差作为允许的误差极限，称为容许误差，或称为限差，即 $\Delta_c=2m$。

6.4 误差传播定律

6.4.1 观测值的函数

对某个量(如一个角度、一段距离)直接进行多次观测以求得最或是值，并计算观测值的中误差，将其作为衡量精度的标准。但是，在测量工作中，有一些需要知道的量并非是直接观测值，而是根据直接观测值再利用一定的数学公式(函数关系)计算得到的，一般称这

种量为观测值的函数。由于观测值中含有误差，而使得函数中也含有误差，因此称为误差传播。一般有如下函数关系。

1. 和差函数

例如，将两点间的水平距离 D 分为 n 段来丈量，各段量得的长度分别为 $d_1, d_2, \cdots, d_n$，则 $D = d_1 + d_2 + \cdots + d_n$，即距离 D 是各分段观测值 $d_1, d_2, \cdots, d_n$ 之和。又如，一个水平角值是两个方向观测值之差。这些函数都为和差函数。

2. 倍函数

例如，用尺子在 $1:1\ 000$ 的地形图上量得两点间的距离为 d，其相应的实地距离 $D = 1000d$，则 D 是 d 的倍函数。

3. 线性函数

例如，计算算术平均值的公式为

$$\bar{x} = \frac{1}{n}(l_1 + l_2 + \cdots + l_n) = \frac{1}{n}l_1 + \frac{1}{n}l_2 + \cdots + \frac{1}{n}l_n \tag{6-9}$$

因为式（6-9）中算术平均值是直接观测值 l_i 与某系数（不一定是相同的系数）乘积的代数和，所以，可以把算术平均值看成是各个观测值的线性函数。和差函数和倍函数也属于线性函数。

4. 一般函数

例如，用三角高程测量方法得到的两点间的高差 h 是通过测量斜距 S 和竖直角 α，按公式 $h = S\sin\alpha$ 计算得到的。凡是在变量之间用数学运算符（如乘、除、乘方、开方、三角函数等）组成的函数均称为非线性函数。线性函数和非线性函数统称为一般函数。

当根据观测值的中误差求观测值函数的中误差时，需要用到误差传播定律。误差传播定律可以根据函数的形式将其表达为一定的数学公式。

6.4.2　一般函数的中误差

本节用一个测量矩形长度和宽度求面积的例子来说明一般函数的误差传播。在图 6-1 中，设直接量得矩形的长度 a 和宽度 b，求其面积 P，则

$$P = ab \tag{6-10}$$

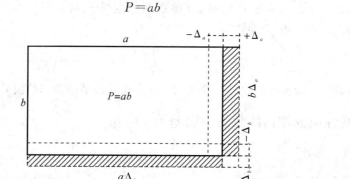

图 6-1　矩形的面积误差

式(6-10)是一个有两个自变量 a、b 的一般函数。设 a、b 中包含偶然误差 Δ_a 和 Δ_b，分析由此产生的面积误差 Δ_P。由于偶然误差是一种微小量，误差传播是一种微分关系，因此将式(6-10)对 a、b 求偏微分，得

$$dP = \frac{\partial P}{\partial a}da + \frac{\partial P}{\partial b}db$$

$$dP = bda + adb \tag{6-11}$$

其中的微分元素以偶然误差代替，得

$$\Delta_P = b\Delta_a + a\Delta_b \tag{6-12}$$

将式(6-12)与图6-1对照，可以看出 $b\Delta_a$ 与 $a\Delta_b$（两小块狭长矩形的面积）形成了矩形的面积误差 Δ_P。由于 $\Delta_a\Delta_b$ 形成的一小块面积属于更高阶的无穷小，因此可以忽略不计。这就是微分公式的几何意义。

设对长度 a 和宽度 b 进行 n 次观测，则有下列一组偶然误差关系式成立：

$$\Delta_{P_1} = b\Delta_{a_1} + a\Delta_{b_1}$$
$$\Delta_{P_2} = b\Delta_{a_2} + a\Delta_{b_2}$$
$$\vdots$$
$$\Delta_{P_n} = b\Delta_{a_n} + a\Delta_{b_n}$$

取各式的平方和，得

$$[\Delta_P\Delta_P]^2 = b^2[\Delta_a\Delta_a]^2 + a^2[\Delta_b\Delta_b]^2 + 2ab[\Delta_a\Delta_b] \tag{6-13}$$

将式(6-13)除以 n，得

$$\frac{[\Delta_P\Delta_P]^2}{n} = b^2\frac{[\Delta_a\Delta_a]^2}{n} + a^2\frac{[\Delta_b\Delta_b]^2}{n} + 2ab\frac{[\Delta_a\Delta_b]}{n} \tag{6-14}$$

两个不同的偶然误差的乘积仍然具有偶然误差的性质，根据偶然误差的特性，可知 $\lim\limits_{n\to\infty}\frac{[\Delta_a\Delta_b]}{n} = 0$。因此，由式(6-14)可得

$$\frac{[\Delta_P\Delta_P]^2}{n} = b^2\frac{[\Delta_a\Delta_a]^2}{n} + a^2\frac{[\Delta_b\Delta_b]^2}{n} \tag{6-15}$$

按中误差的定义可得 $m_P^2 = bm_a^2 + am_b^2$，即面积 P 的中误差为 $m_P = \pm\sqrt{bm_a^2 + am_b^2}$。由此可以推广到一般多元，即

$$Z = f(x_1 + x_2 + \cdots + x_n)$$

式中：x_1、x_2、$\cdots$、x_n 为独立变量（直接观测值也属于独立变量），其中误差分别为 m_1、m_2、$\cdots$、m_n。函数 Z 的中误差为

$$m_z = \pm\sqrt{\left(\frac{\partial f}{\partial x_1}\right)^2 m_1^2 + \left(\frac{\partial f}{\partial x_2}\right)^2 m_2^2 + \cdots + \left(\frac{\partial f}{\partial x_n}\right)^2 m_n^2} \tag{6-16}$$

式(6-16)即为一般函数的误差计算公式，称为误差传播定律，是误差传播的最普遍形式。

6.4.3　线性函数和倍函数的中误差

设有线性函数

$$Z = k_1x_1 + k_2x_2 + \cdots + k_nx_n \tag{6-17}$$

式中：k_1、k_2、$\cdots$、k_n 为任意常数，x_1、x_2、$\cdots$、x_n 为独立变量，其中误差分别为 m_1、m_2、$\cdots$、m_n。

按照误差传播定律,因为

$$\frac{\partial f}{\partial x_1}=k_1,\ \frac{\partial f}{\partial x_2}=k_2,\ \cdots,\ \frac{\partial f}{\partial x_n}=k_n$$

故得到线性函数的中误差为

$$m_Z=\pm\sqrt{k_1^2m_1^2+k_2^2m_2^2+\cdots+k_n^2m_n^2} \tag{6-18}$$

例如,对某一个量进行 n 次等精度观测,其算术平均值可以表示为式(6-9)。按式(6-18)得

$$m_{\bar{x}}=\pm\sqrt{\left(\frac{1}{n}\right)^2m_1^2+\left(\frac{1}{n}\right)^2m_2^2+\cdots+\left(\frac{1}{n}\right)^2m_n^2} \tag{6-19}$$

由于是等精度观测,因此 $m_1=m_2=\cdots=m_n$,m 为观测值的中误差。由此得到按观测值的中误差计算算术平均值的中误差的公式为

$$m_{\bar{x}}=\pm\frac{m}{\sqrt{n}}=\pm\sqrt{\frac{[VV]}{n(n-1)}} \tag{6-20}$$

由此可见,算术平均值的中误差是观测值中误差的 $1/\sqrt{n}$。又因 $[VV]=\min$,所以对一个量进行多次等精度观测再取其算术平均值是提高观测成果精度的最有效的方法。

例如,在对钢尺长度进行检定时,为了使检定结果的相对中误差不大于 $1/100\ 000$,共进行了 6 次往返丈量,最后取其算术平均值。按式(6-6)计算观测值(1 次丈量)的中误差,按式(6-20)计算 6 次丈量的算术平均值的中误差,结果见表 6-1。

表 6-1　观测值及算术平均值的中误差

次序	观测值 l/m	Δl/mm	改正值 v/mm	vv/mm²	中误差计算
1	119.9864	6.4	+0.1	0.01	
2	119.9867	6.7	−0.2	0.04	算术平均数:$\bar{x}=l_0+\dfrac{[\Delta l]}{n}=119.9865$ m
3	119.9850	5	+1.5	2.25	观测值中误差:$m=\pm\sqrt{\dfrac{[vv]}{n-1}}=\pm1.5$ mm
4	119.9851	5.1	+1.4	1.96	算术平均数中误差:$m_{\bar{x}}=\pm\dfrac{m}{\sqrt{n}}=\pm0.6$ mm
5	119.9867	6.7	−0.2	0.04	
6	119.9890	9	−2.5	6.25	算术平均数相对中误差:$\dfrac{m_{\bar{x}}}{x}=\dfrac{1}{200\ 000}$
$\sum$	$l_0=119.98$	38.9	+0.1	10.55	

由此可见,一次丈量的中误差为 ±1.5 mm,其相对中误差为 $0.0015/120=1/80\ 000$,相对精度尚不能满足规定的要求;而 6 次丈量的算术平均值的中误差为 ±0.6 mm,即相对中误差为 $0.0006/120=1/200\ 000$,其相对精度高于规定的要求。

设有倍函数

$$Z=kx \tag{6-21}$$

按照误差传播定律,倍函数的中误差为

$$m_Z=km_x \tag{6-22}$$

【例 6-2】 在比例尺为 1∶500 的地形图上量得 A、B 两点间的距离 $S_{ab}=23.4$ mm,

其中误差 $m_{S_{ab}}=\pm0.2$ mm，求 A、B 实地两点间的距离 S_{AB} 及其中误差 $m_{S_{AB}}$。

【解】 A、B 两点间的实地距离 $S_{AB}=500S_{ab}=500\times23.4$ mm$=11\,700$ mm$=11.7$ m。由式(6-22)得

$$m_{S_{AB}}=500\,m_{S_{ab}}=500\times(\pm0.2\ \text{mm})=\pm100\ \text{mm}=\pm0.1\ \text{m}$$

故 AB 间的实地距离及其中误差可写成 11.7 m±0.1 m。

6.4.4 和差函数的中误差

设有和差函数

$$Z=x_1\pm x_2\pm\cdots\pm x_n \tag{6-23}$$

式中：x_1、x_2、$\cdots$、x_n 为独立变量，其中误差为 m_1、m_2、$\cdots$、m_n。

因为和差函数也属于线性函数，所以可按式(6-18)计算，并顾及 $k_1=k_2=\cdots=k_n=\pm1$，可得到和差函数的中误差为

$$m_Z=\pm\sqrt{m_1^2+m_2^2+\cdots+m_n^2} \tag{6-24}$$

【例6-3】 分段丈量一条直线上的两段距离 AB 和 BC，丈量结果分别为 150.15 m 和 210.24 m，其中误差分别为 ±0.12 m 和 ±0.16 m，求全长 S_{AC} 及其中误差 m_{AC}。

【解】 $$S_{AC}=S_{AB}+S_{BC}=150.15\ \text{m}+210.24\ \text{m}=360.39\ \text{m}$$

$$m_{AC}=\pm\sqrt{(0.12\ \text{m})^2+(0.16\ \text{m})^2}=\pm0.20\ \text{m}$$

如果和差函数的各个自变量具有相同的精度，则式(6-24)中的 $m_1=m_2=\cdots=m_n=m$，因此，等精度自变量的和差函数的中误差为

$$m_Z=\pm m\sqrt{n} \tag{6-25}$$

例如，用 30 m 的钢尺丈量一段 240 m 的距离 D，共量 8 尺段。设每一尺段丈量的中误差为 ±5 mm，则丈量全长 D 的中误差 $m_D=\pm5\sqrt{8}$ mm$=\pm14$ mm。

和差函数的中误差是一种最简单的误差传播形式。在测量工作中还会遇到下列情况。

(1) 一组观测的结果往往受到几种独立误差来源的影响。例如，在进行水平角观测时，每一观测方向同时受对中、瞄准、读数、仪器误差和大气折光等的影响，此时不一定能用式(6-17)或式(6-23)来表达所观测方向与这些因素的函数关系，但是可以认为观测结果中所含的偶然误差为这些因素的偶然误差的代数和，即

$$\Delta_f=\Delta_z+\Delta_n+\Delta_d+\Delta_y+\Delta_q$$

式中：Δ_f 为观测结果的偶然误差；Δ_z 为对中偶然误差；Δ_n 为瞄准偶然误差；Δ_d 为读数偶然误差；Δ_y 为仪器误差的偶然误差；Δ_q 为大气折光偶然误差。

(2) 如果可以估算出每种误差来源的中误差，则可以用和差函数的中误差公式来估算方向观测值的中误差，即

$$m_f=\pm\sqrt{m_z^2+m_n^2+m_d^2+m_y^2+m_q^2}$$

式中：m_f 为观测结果的中误差；m_z 为对中中误差；m_n 为瞄准中误差；m_d 为读数中误差；m_y 为仪器误差的中误差；m_q 为大气折光中误差。

(3) 瞄准误差和读数误差为方向观测中的主要误差来源，设瞄准中误差和读数中误差为 $\pm2''$，其余因数的中误差均为 $\pm1''$，则方向观测的中误差为

$$m_f=\pm\sqrt{1''^2+2''^2+2''^2+1''^2+1''^2}=\pm3.3''$$

（4）水平角值由两个方向观测值相减而得，则按照等精度和差函数中误差计算公式得到的水平角中误差 m_a 为

$$m_a = \pm m_f \sqrt{2} = \pm 3.3'' \sqrt{2} = \pm 4.7''$$

（5）在实际工作中，可以根据所用经纬仪的规格和实验数据来确定各项误差来源的具体数值，以估算 m_f 和 m_a。

6.5　误差传播定律的应用

6.5.1　钢尺量距的精度

用长度为 l 的钢尺丈量一段水平距离 D，共量 n 个尺段。设一个尺段的量距中误差为 m，其距离 D 的中误差为 m_D，则函数式为

$$D = l_1 + l_2 + \cdots + l_n$$

根据式（6 - 24）得 $m_D = \pm m \sqrt{n}$，将尺段数 $n = D/l$ 代入该式，得

$$m_D = \pm \frac{m}{\sqrt{l}} \sqrt{D}$$

用一定长度的钢尺在一定的观测条件下量距。令

$$\mu = \frac{m}{\sqrt{l}} \qquad\qquad (6 - 26)$$

式中：m 为常数；μ 为单位长度的量距中误差（m）。距离 D 的量距中误差为

$$m_D = \pm \mu \sqrt{D} \qquad\qquad (6 - 27)$$

由此可见，距离丈量的中误差与距离的平方根成正比。

例如，用长度 $l = 30$ m 的钢尺丈量一尺段的量距中误差 $m = \pm 0.007$ m，按式（6 - 26）算得 $\mu = 0.001\ 28$ m。丈量一段长度为 100 m 的距离 D，按式（6 - 27）算得 $m_D = \pm 0.013$ m。因为往返丈量的差数 $\Delta D = D_往 - D_返$，所以往返差数的中误差 $m_{\Delta D} = \pm \sqrt{2} m_D = \pm 0.018$ m。允许误差按 2 倍中误差计算，则 $\Delta D_c = \pm 2 m_{\Delta D} = \pm 0.036$ m。对于 100 m 的距离，其相对误差 $\Delta D_c / D = 1/3000$。因此，对于长度为 100 m 左右的距离，用钢尺往返丈量的允许相对差数一般为 1/3000。

6.5.2　角度测量的精度

1. 水平角观测的精度

用 DJ₆ 级经纬仪观测水平角，根据仪器的设计标准，一测回方向观测的中误差 $m = \pm 6''$，角度为两个方向值之差，故一测回水平角观测（仅包含瞄准与读数）的中误差 $m_\beta = \sqrt{2} m = \pm \sqrt{2} \times 6'' = \pm 8.5''$。由于一测回的水平角值取盘左、盘右两个半测回角度值的平均值，故半测回水平角值的中误差 $m'_{\Delta\beta} = \sqrt{2} m_\beta = \pm 12.0''$，盘左、盘右水平角值之差的中误差 $m_{\Delta\beta} = \sqrt{2} m'_{\Delta\beta} = \pm 17.0''$。

若取 2 倍中误差为极限误差，则限差为 $\pm 34''$。因此，用 DJ₆ 级经纬仪观测水平角，盘

左、盘右测得的水平角值之差的允许值一般规定为 $\pm 40''$。

2. 多边形角度闭合差的规定

n 边形的内角（水平角 β）之和在理论上应该是 $(n-2)\times 180°$，即

$$\sum \beta_{\text{理}} = (n-2)\times 180° \tag{6-28}$$

由于观测的水平角中存在偶然误差，使测得的内角之和 $\sum\beta_{\text{测}}$ 不等于 $\sum\beta_{\text{理}}$，从而产生角度闭合差，即

$$f_\beta = \sum\beta_{\text{测}} - \sum\beta_{\text{理}} = \beta_1 + \beta_2 + \cdots + \beta_n - (n-2)\times 180° \tag{6-29}$$

由此可见，角度闭合差为各角之和的函数，角度闭合差的中误差即为各角之和的中误差。由于各个角度为等精度观测，其中误差为 m_β，则各角之和的中误差为

$$m_{\sum\beta} = m_\beta\sqrt{n} \tag{6-30}$$

如果以 2 倍中误差为极限误差，则允许的角度闭合差为

$$f_{\beta允} = 2m_\beta\sqrt{n} \tag{6-31}$$

例如，设水平倔的测角中误差 $m_\beta = \pm 18''$，则三角形曲角度闭合差的限差应为 $2m_\beta\sqrt{n} = 2\times 18''\times\sqrt{3} = \pm 61.2''$。

6.5.3 水准测量的精度

1. 两次测定高差时的误差规定

一次测定两点间高差的公式为 $h=a-b$。设前视或后视在水准尺上读数的中误差 $m=\pm 1$ mm，则一次测定高差的中误差 $m_h = \sqrt{2}\,m = \pm 1.4$ mm。

两次测定高差之差的计算公式为 $\Delta H = h_1 - h_2 = (a_1-b_1)-(a_2-b_2)$，则高差之差的中误差 $m_{\Delta h} = \sqrt{2}\,m_h = \pm 2$ mm。

如以 2 倍中误差为极限误差，则极限误差为 ± 4 mm。另外，考虑到在水准测量中还有水准管气泡置平误差的影响，故一般规定 DS$_3$ 级水准仪两次测定高差之差的绝对值不得超过 5 mm。

2. 水准路线的高差测定误差

设在两水准点之间的一条水准路线上进行水准测量，共设 n 个测站，两点间的高差为各测站所测高差的总和，即 $\sum h = (a_1-b_1)+(a_2-b_2)+\cdots+(a_n-b_n)$。

设每次在水准尺上读数的中误差均为 m，每测站所测高差的中误差均为 m_h，则高差总和（或高程测定）的中误差为

$$m_{\sum h} = m_h\sqrt{n} = m\sqrt{2n} \tag{6-32}$$

设两水准点间水准路线的长度为 L，各测站前视和后视的平均距离为 d，则测站数 $n=L/2d$，将测站数代入式（6-32），得

$$m_{\sum n} = m\sqrt{\frac{L}{d}} = \frac{m}{\sqrt{d}}\sqrt{L}$$

令

$$m_0 = \frac{m}{\sqrt{d}}$$

则

$$m_{\Sigma h} = m_0 \sqrt{L} \tag{6-33}$$

在式(6-33)中，如果 $L=1$，则 $m_{\Sigma h}=m_0$，故称 m_0 为单位长度的高差中误差，其取决于水准测量的等级(所用水准仪的级别和测量方法)。由此可见，一定等级的水准测量的高差中误差与水准路线长度的平方根成正比。

例如，设 1 km 长的水准路线的高差中误差 $m_0=\pm 10$ mm，则 5 km 长的水准路线的高差中误差(或高程测定中误差)$m_{\Sigma h}=\pm 10$ mm$\times\sqrt{5}=\pm 22$ mm。

思考与练习

(1) 什么叫观测误差？产生观测误差的原因有哪些？

(2) 什么是粗差？什么是系统误差？什么是偶然误差？

(3) 偶然误差有哪些特性？

(4) 举例说明应如何消除或减小仪器的系统误差。

(5) 写出衡量误差精度的指标。

(6) 为什么在等精度观测中算术平均值是最可靠的值？

(7) 在提高测量精度的问题上，能从算术平均值中误差的公式中得到什么启示？

(8) 写出误差传播定律的公式，并说明该公式的用途。

第7章 导线测量

7.1 导线测量的概述

测定控制点的坐标和高程的测量工作称为控制测量,它包括平面控制测量和高程控制测量。平面控制测量包括导线测量和小三角测量等;高程测量包括水准测量与三角高程测量等。

实际操作中,测量工作必须遵循"从整体到局部""先控制后碎部"的原则来组织实施。

导线测量的定义:测量各导线边的长度和各转折角,根据起算数据,推算各边的坐标方位角,从而求出各导线点的坐标。

7.2 常用的导线布设形式

常用的导线布设形式有:闭合导线、附合导线和支导线布设,其示意图如图7-1、图7-2所示。

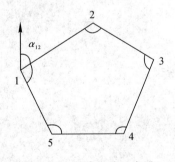

图7-1 闭合导线示意图

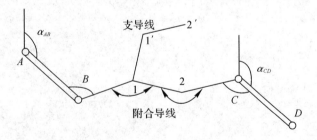

图7-2 附合导线与支导线示意图

7.3 导线测量的外业工作

7.3.1 踏勘选点

选点就是在测区内选定控制点的位置。选点之前应收集测区已有地形图和高一级控制点的成果资料。根据测图要求,确定导线的等级、形式、布置方案。在地形图上拟定导线初步布设方案,再到实地踏勘,选定导线点的位置。若测区范围内无可供参考的地形图,则通过踏勘,再根据测区范围、地形条件直接在实地拟定导线布设方案,选定导线的位置。

导线点点位选择必须注意以下几个方面：

（1）为了方便测角，相邻导线点间要通视良好，视线远离障碍物，保证成像清晰。

（2）采用光电测距仪测边长，导线边应离开强电磁场和发热体的干扰，测线上不应有树枝、电线等障碍物。四等级以上的测线，应离开地面或障碍物 1.3 m 以上。

（3）导线点应埋在地面坚实、不易被破坏处，一般应埋设标石。

（4）导线点要有一定的密度，以便控制整个测区。

（5）导线边长要大致相等，不能相差过大。

导线点埋设后，要在桩上用红油漆写明点名、编号，并用红油漆在固定地物上画一箭头指向导线点，同时绘制"点之记"方便寻找导线点。点的标记方法如图 7-3 所示。

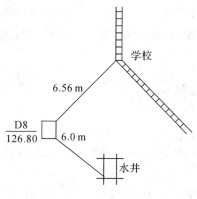

图 7-3　点的标记方法

7.3.2　边长测量

导线边长是指相邻导线点间的水平距离。导线边长测量可采用光电测距仪、普通钢卷尺。采用光电测距仪测量边长的导线又称为光电测距导线是目前最常用的方法。普通钢卷尺量距时，必须使用经国家测绘机构鉴定的钢尺并对丈量长度进行尺长改正、温度改正和倾斜改正。

7.3.3　角度测量

导线水平角测量主要是导线转折角测量。对于导线水平角的观测，附合导线可按导线前进方向观测左角或右角；闭合导线一般是观测多边形内角；支导线无校核条件，要求既观测左角，也观测右角以便进行校核。导线水平角的观测方法一般采用测回法和方向观测法。

7.3.4　导线定向

导线与高级控制点连接角的测量称为导线定向，其目的是获得起始方位角和坐标起算数据，并使导线精度得到可靠的校核。如图 7-4 所示，β_B、β_C 为连接角。若测区无高级控制点联测，则可假定起始点的坐标，用罗盘仪测定起始边的方位角。

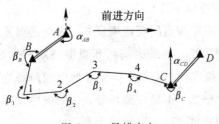

图 7 - 4　导线定向

7.4　导线测量的内业计算

导线计算的目的是计算出导线点的坐标，以及计算导线测量的精度是否满足要求。首先要查实起算点的坐标、起始边的方位角，然后校核外业观测资料，确保外业资料的计算正确、合格无误。

7.4.1　坐标正算与坐标反算

1. 坐标正算

根据已知点的坐标、已知边长和该边的坐标方位角计算出未知点的坐标，称为坐标正算。

已知，如图 7 - 5 所示，设 A 点为已知点，B 点为未知点，A 点的坐标为 (x_A, y_A)，AB 的边长为 D_{AB}，AB 的坐标方位角为 α_{AB}，则 B 点的坐标 (x_B, y_B) 为：$x_B = x_A + \Delta x_{AB}$，$y_B = y_A + \Delta y_{AB}$。其中，

$$\Delta x_{AB} = x_B - x_A = D_{AB}\cos\alpha_{AB}$$
$$\Delta y_{AB} = y_B - y_A = D_{AB}\sin\alpha_{AB}$$

（7 - 1）

式中：Δx、Δy 均为坐标的增量。

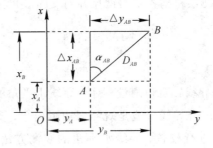

图 7 - 5　坐标正算示意图

坐标方位角和坐标的增量均带有方向性，当方位角位于第一象限时，坐标的增量均为正值。当坐标方位角位于第二象限时，Δx_{AB} 为负值、Δy_{AB} 为正值。当坐标方位角在第三象限时，Δx_{AB} 为负值、Δy_{AB} 为负值。当坐标方位角在第四象限时，Δx_{AB} 为正值、Δy_{AB} 为负值。

【例题 7 - 1】　已知 A 点的坐标为 $(50, 50)$，AB 的距离为 50 m，AB 的坐标方位角为 $\alpha_{AB} = 45°$。试求 B 点的坐标。

【解】　将已知数据代入公式当中：

$$x_B = x_A + \Delta x_{AB} = x_A + D_{AB}\cos\alpha_{AB} = 50 + 50 \times \cos45° = 85.355$$

$$y_B = y_A + \Delta y_{AB} = y_A + D_{AB}\sin\alpha_{AB} = 50 + 50 \times \sin45° = 85.355$$

2. 坐标反算

根据两个已知点坐标，求该两点间的距离和坐标方位角，称为坐标反算。一般在点的平面位置放样中需要利用到这部分的知识。

如图 7-5 所示，设 A、B 两点为已知点，其坐标分别为 (x_A, y_A) (x_B, y_B) 则

$$\tan\alpha_{AB} = \frac{\Delta y_{AB}}{\Delta x_{AB}}$$

$$\alpha_{AB} = \arctan\frac{\Delta y_{AB}}{\Delta x_{AB}}$$

因此

$$D_{AB} = \sqrt{\Delta x_{AB}^2 + \Delta y_{AB}^2}$$

$$D_{AB} = \frac{\Delta y_{AB}}{\sin\alpha_{AB}} = \frac{\Delta x_{AB}}{\cos\alpha_{AB}}$$

因为反正切函数的值域是 $-90°\sim+90°$，而坐标方位角的取值范围为 $0°\sim360°$，所以坐标方位角的值可根据 x 和 y 坐标改变量 Δx_{AB}、Δy_{AB} 的正负号确定导线边所在象限，将反正切角值即象限角换算为坐标方位角。根据所在的象限，求得其方位角 α_{AB}，具体讨论如下：

（1）当 $\Delta x_{AB} > 0$，$\Delta y_{AB} = 0$ 时，导线边 AB 在 x 轴上，且指向正方向 $\alpha_{AB} = 0°$。

（2）当 $\Delta x_{AB} = 0$，$\Delta y_{AB} > 0$ 时，导线边 AB 在 y 轴上，且指向正方向 $\alpha_{AB} = 90°$。

（3）当 $\Delta x_{AB} < 0$，$\Delta y_{AB} = 0$ 时，导线边 AB 在 x 轴上，且指向正方向 $\alpha_{AB} = 270°$。

（4）当 $\Delta x_{AB} = 0$，$\Delta y_{AB} < 0$ 时，导线边 AB 在 x 轴上，且指向正方向 $\alpha_{AB} = 360°$。

（5）当 $\Delta x_{AB} = 0$，$\Delta y_{AB} = 0$ 时，A、B 两点缩成一点没有坐标方位角。

（6）当 $\Delta x_{AB} > 0$，$\Delta y_{AB} > 0$ 时，导线边 AB 在第一象限，$\alpha_{AB} = \arctan\dfrac{\Delta y_{AB}}{\Delta x_{AB}}$。

（7）当 $\Delta x_{AB} < 0$，$\Delta y_{AB} > 0$ 时，导线边 AB 在第二象限，$\alpha_{AB} = \arctan\dfrac{\Delta y_{AB}}{\Delta x_{AB}} + 180°$。

（8）当 $\Delta x_{AB} < 0$，$\Delta y_{AB} < 0$ 时，导线边 AB 在第三象限，$\alpha_{AB} = \arctan\dfrac{\Delta y_{AB}}{\Delta x_{AB}} + 180°$。

（9）当 $\Delta x_{AB} > 0$，$\Delta y_{AB} < 0$ 时，导线边 AB 在第四象限，$\alpha_{AB} = \arctan\dfrac{\Delta y_{AB}}{\Delta x_{AB}} + 360°$。

【例题 7-2】　已知 A、B 两点的坐标分别为 $(3558.124, 4945.451)$ $(3842.489, 4529.126)$，试求直线 AB 的坐标方位角 α_{AB} 与边长 D_{AB}。

【解】　$\Delta x_{AB} = 3842.489 - 3558.124 = 284.365$

$\Delta y_{AB} = 4529.126 - 4945.451 = -416.325$

$$\arctan\frac{\Delta y_{AB}}{\Delta x_{AB}} = \arctan(-416.325 \div 284.365) = -55°39'56''$$

因 $\Delta x_{AB} > 0$，$\Delta y_{AB} < 0$，故知 AB 导线为第四象限上的直线，代入上述讨论的（9）中得

$$\alpha_{AB} = \arctan\frac{\Delta y_{AB}}{\Delta x_{AB}} + 360° = (-55°39'56'') + 360° = 304°20'04''$$

$$D_{AB} = \sqrt{284.365^2 + (-416.325)^2} = 504.173$$

注意：一直线有两个方向，存在两个方位角，式（7-1）中：$y_B - y_A$、$x_B - x_A$ 的计算是过 A 点坐标纵轴至直线 AB 的坐标方位角，若所求坐标方位角为 α_{BA}，则应是 A 点坐标减 B 点坐标。

坐标正算与反算，可以利用普通科学电子计算器的极坐标和直角坐标相互转换功能计算。

7.4.2 闭合导线计算

图 7-6 所示为实测图根闭合导线，图中各项数据是从外业观测手簿中获得的已知数据：12 边的坐标方位角 $\alpha_{12} = 125°30'00''$；1 点的坐标为 $x_1 = 500.00$，$y_1 = 500.00$。现结合本例说明闭合导线的计算步骤。

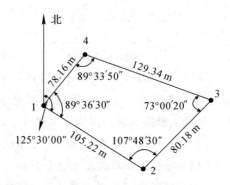

图 7-6 闭合导线示意图

准备工作：将已知数据和观测数据填入表 7-1 中。

1. 角度闭合差的计算与调整

将图 7-6 中各角的内角依次填入表 7-1 的"观测角"栏，计算求得的内角总和填入最下方。

表 7-1 闭合导线坐标计算表

点号	观测角 β	改正数	改正角	坐标方位角 α	距离 D/m	坐标增量计算值 Δx/m	坐标增量计算值 Δy/m	改正后增量 Δx/m	改正后增量 Δy/m	坐标值 x	坐标值 y
1											
2	107°48'30''	13	107°48'43''	125°30'00''	105.22	−61.1	85.66	−61.12	85.68	500	500
3	72°00'20''	12	73°00'32''	53°18'43''	80.18	47.9	64.3	47.88	64.32	438.88	585.68
4	89°33'50''	12	89°34'02''	306°19'15''	129.34	76.61	−104.2	76.58	−104.19	486.76	650
1	89°36'30''	13	89°36'43''	215°53'17''	78.16	−63.32	−45.82	−63.34	−45.81	563.34	545.81
2				125°30'00''						500	500
Σ	359°59'10''	50	360°00'00''		392.9	$f_x = 0.09$	$f_y = -0.06$	0	0		

n 边形闭合导线内角和理论值：

$$\sum \beta_{理} = (n-2) \times 180°。$$

（1）角度闭合差的计算：

$$f_\beta = \sum \beta_{测} - \sum \beta_{理} = \sum \beta_{测} - (n-2) \times 180°。$$

例：

$$f_\beta = \sum \beta_{测} - \sum \beta_{理} = \sum \beta_{测} - (n-2) \times 180°$$
$$= 359°59'10'' - 360° = -50''$$

（2）角度容许闭合差的计算：$f_{\beta容} = \pm 60''\sqrt{n}$（图根导线）。若 $f_{测} \leqslant f_{容}$，则角度测量符合要求；若角度测量不合格，则先对计算进行全面检查，当计算没有问题时，应对角度进行重测。

已知，$f_\beta = -50''$，$f_{\beta容} = \pm 60''\sqrt{n} = \pm 120''$，则 $|f_\beta| < |f_{\beta容}|$，角度测量符合要求。

（3）角度闭合差 f_β 的调整：假定调整前所有角的观测误差均相等，则角度改正数：

$$\Delta \beta = -\frac{f_\beta}{n} （n \text{ 为测角个数}）$$

角度改正数计算，按角度闭合差反号平均分配，余数分给短边构成的角。其检核公式为：

$$\sum \Delta \beta = -f_\beta$$

改正后的角度值检核：

$$\beta_{该} = \beta_{测} + \Delta \beta_i$$
$$\sum \beta_{理} = (n-2) \times 180°$$

2. 推算导线各边的坐标方位角

推算导线各边坐标方位角公式：根据已知边坐标方位角和改正后的角值推算，α 前、α 后表示导线前进方向的前一条边的坐标方位角和与之相连的后一条边的坐标方位角。β 左为前后两条边所夹的左角，β 右为前后两条边所夹的右角，据此求得

$$\alpha_{23} = \alpha_{12} - 180° + \beta_2 = 125°30'00'' - 180° + 107°48'43'' = 53°18'43''$$
$$\alpha_{34} = \alpha_{23} - 180° + 73°00'32'' + 360° = 306°19'15''$$
$$\alpha_{41} = \alpha_{34} - 180° + 89°34'02'' = 215°53'17''$$
$$\alpha'_{12} = \alpha_{41} - 180° + 89°36'43'' = 125°30'00'' = \alpha_{12}$$

3. 计算导线各边的坐标增量

导线各边坐标增量 Δx、Δy 的计算公式如下：

$$\Delta x_i = D_i \cos\alpha_i \quad \Delta y_i = D_i \sin\alpha_i$$

由图 7-6 可知，$\Delta x_{12} = D_{12} \cos\alpha_{12}$、$\Delta y_{12} = D_{12} \sin\alpha_{12}$，坐标增量的符号取决于 12 边的坐标方位角的大小。

4. 坐标增量闭合差的计算

根据闭合导线本身的特点：理论上，$\sum \Delta x_{理} = 0$、$\sum \Delta y_{理} = 0$；坐标增量闭合差 $f_x =$

$\sum \Delta x_{测} - \sum \Delta x_{理}$、$f_y = \sum \Delta x_{测} - \sum \Delta x_{理}$；实际上，$f_x = \sum \Delta x_{测}$、$f_y = \sum \Delta y_{测}$，坐标增量闭合差可以认为是由导线边长测量误差引起的。

5. 导线边长精度的评定

由于 f_x、f_y 的存在，使导线不能闭合，产生了导线全长闭合差：

$$f_D = \sqrt{f_x^2 + f_y^2} = 0.11 \text{ m}$$

导线全长相对闭合差：

$$K = \frac{f_D}{\sum D} = \frac{1}{\dfrac{\sum D}{f_D}}$$

限差：用 $K_容$ 表示，当 $K \leqslant K_容$ 时，导线边长丈量符合要求。

6. 坐标增量闭合差的调整

将坐标增量闭合差按边长成正比例反号进行调整。

坐标增量改正数：

$$v_{xi} = -\frac{f_x}{\sum D} \times D_i$$

$$v_{yi} = -\frac{f_y}{\sum D} \times D_i$$

检核条件：$\sum v_x = -f_x$，$\sum v_y = -f_y$，12 边增量改正数计算如下：

$$f_x = +0.09 \text{ m}; \ f_y = -0.07 \text{ m};$$

$$\sum D = 392.9 \text{ m}; \ D_{12} = 105.22 \text{ m}$$

$$v_{x12} = -\frac{0.09}{392.9} \times 105.22 \approx -0.024 \text{ m} = -0.02 \text{ m}$$

$$v_{y12} = -\frac{0.07}{392.9} \times 105.22 \approx 0.019 \text{ m} = +0.02 \text{ m}$$

7. 计算改正后的坐标增量

$$\Delta x_{i改} = \Delta x_i + v_{xi}, \ \Delta y_{i改} = \Delta y_i + v_{yi}$$

检核条件：$\sum \Delta x = 0$，$\sum \Delta y = 0$。

将改正后的坐标增量填入表 7-1。

8. 计算各导线点的坐标值

依次计算各导线点坐标，最后推算出的终点 1 的坐标，应和 1 点已知坐标相同。

7.4.3 附合导线的计算

附合导线的计算方法和计算步骤与闭合导线计算基本相同，具体方法如下。

图 7-7 中的 A、B、C、D 是已知点，起始边的方位角 α_{AB}（$\alpha_{始}$）和终止边的方位角 α_{CD}（$\alpha_{终}$）为已知。外业观测资料为导线边距离和各转折角。

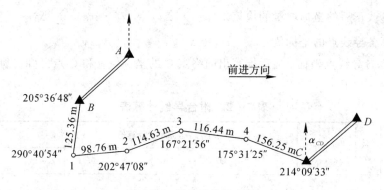

图 7 - 7　附合导线示意图

（1）计算角度闭合差：$f_\beta = \alpha'_{终} - \alpha_{终}$。其中，$\alpha'_{终}$ 为终边用观测的水平角推算的方位角；$\alpha_{终}$ 为终边已知的方位角。终边 α 推算的一般公式为

$$\alpha_{终} = \alpha_{始} - n \times 180° + \sum \beta_{测}$$

$$\alpha'_{终} = \alpha_{始} + n \times 180° - \sum \beta_{测}$$

终边方位角的推算公式过程为

$$\alpha_{B1} = \alpha_{AB} + 180° - \beta_B$$

$$\alpha_{12} = \alpha_{B1} + 180° - \beta_1$$

$$\alpha_{23} = \alpha_{12} + 180° - \beta_2$$

$$\alpha_{34} = \alpha_{23} + 180° - \beta_3$$

$$\alpha_{4C} = \alpha_{34} + 180° - \beta_4$$

$$+) \ \alpha'_{CD} = \alpha_{4C} + 180° - \beta_C$$

$$\overline{\qquad\qquad\qquad\qquad\qquad}$$

$$\alpha'_{CD} = \alpha_{AB} + 6 \times 180° - \sum \beta_{测}$$

以上终边方位角是以右侧夹角为例，用观测水平角推算的。

（2）测角精度的评定：$f_\beta = \alpha'_{终} - \alpha_{终}$；检核条件：$f_\beta \leqslant f_{\beta容}$。

（3）闭合差分配（计算角度改正数）：$\Delta\beta = -\dfrac{f_\beta}{n}$，其中 n 为测角个数（包括连接角）。

（4）计算坐标增量闭合差：

$$f_x = \sum \Delta x - (x_{终} - x_{始})$$

$$f_y = \sum \Delta y - (y_{终} - y_{始})$$

其中起始点是 B 点，终点是 C 点。由于 f_x、f_y 的存在，使导线不能和 CD 连接，存在导线全长闭合差 f_D，即

$$f_D = \sqrt{f_x^2 + f_y^2}$$

则导线全长相对闭合差为

$$K = \frac{f_D}{\sum D} = \frac{1}{\dfrac{\sum D}{f_D}}$$

（5）计算改正后的坐标增量的检核条件：$\sum \Delta x_{改} = x_C - x_B$，$\sum \Delta y_{改} = y_C - y_B$。

（6）计算各导线点的坐标值：$x_{前} = x_{后} + \Delta x_{i改}$，$y_{前} = y_{后} + \Delta y_{i改}$。

依次计算各导线点坐标，最后推算出的终点 C 的坐标，应和 C 点已知坐标相同。计算过程填入表 7-2 中。

表 7-2　附合导线计算表

点号	观测角 β	改正数	改正角	坐标方位角 α	距离 D/m	坐标增量计算值 $\Delta x/m$	坐标增量计算值 $\Delta y/m$	改正后增量 $\Delta x/m$	改正后增量 $\Delta y/m$	坐标值 x	坐标值 y
A											
B	205°36′48″	−13	250°36′35″	236°44′29″	125.36	−107.31	−64.81	−107.27	−64.83	1536.86	873.54
1	290°40′54″	−12	290°40′42″	211°07′53″	98.71	−17.92	97.12	−17.89	97.10	1429.59	772.71
2	202°47′08″	−13	202°46′55″	100°27′11″	114.63	30.88	141.29	30.92	141.27	1411.7	869.81
3	167°21′56″	−13	167°21′43″	77°40′16″	116.44	−0.63	116.44	−0.60	116.42	1442.62	1011.09
4	175°31′25″	−13	175°31′12″	90°18′33″	156.25	−13.05	155.7	13.00	155.67	1442.02	1127.5
C	214°09′33″	−13	214°09′20″	94°47′21″						1429.02	1283.17
D				60°38′01″							

思考与练习

（1）选定控制点时应注意哪些问题？

（2）导线布设的形式有哪些？

（3）怎样衡量导线测量的精度？导线测量的闭合差应如何计算？

（4）两点后方交会需要哪些已知数据？应观测哪些数据？

（5）试述导线测量法的作业步骤。

第 8 章 数字化测图

8.1 地形图的基本知识

8.1.1 地形图

地面上自然形成或人工修建的有明显轮廓的物体称为地物,如道路、桥梁、房屋、耕地、河流、湖泊等。地面上自然形成的高低起伏变化的地势,称为地貌,如平原、丘陵、山头、洼地等。地物和地貌合称为地形。

地形图是采用正射投影方法,把地面上的地物和地貌用特定符号、注记、等高线,按一定比例尺缩绘于平面的图形,它的形成过程如图 8-1 所示。地形图既表示了地物的平面位置,也表示了地貌的形态。如果图上只反映地物的平面位置,不反映地貌的形态,则称为平面图。

地形图上详细地反映了地面的真实面貌,人们可以在地形图上获得需要的地面信息,如某一区域高低起伏、坡度变化、地物的相对位置、道路交通等状况,也可以量算距离、方位、高程,了解地物属性。

图 8-1 地形图的形成示意

8.1.2 比例尺

1. 比例尺的种类

地形图上某一直线段的长度 d 与地面相应距离的水平投影长度 D 之比,称为地形图比例尺。地形图比例尺可分为数字比例尺和直线比例尺(图示比例尺)。

1)数字比例尺

数字比例尺以分子为 1、分母为正数的分数表示,即

$$1 : M = d : D \qquad (8-1)$$

式中:$1 : M$ 为比例尺;d 为图上距离;D 为实际距离。

例如,1/500、1/1000、1/2000 书写为比例式形式,即 $1 : 500$、$1 : 1000$、$1 : 2000$。

若图上两点距离为 1 cm,实地距离为 10 m,则地形图比例尺为 $1 : 1000$;若图上两点距离为 1 cm,实地距离为 5 m,则地形图比例尺为 $1 : 500$。分母愈大,比例尺愈小;反之分母愈小,比例尺愈大。比例尺的分母代表了实际水平距离缩绘在图上的倍数。

【例 8 - 1】 在比例尺为 1∶1000 的图上量得两点间的长度为 2.8 cm，求两点相应的水平距离。

$$D = Md = 1000 \times 0.028 = 28 \text{ m}$$

【例 8 - 2】 实地水平距离为 88.6 m，试求在比例尺为 1∶2000 的图上此段距离的长度。

$$d = \frac{D}{M} = \frac{88.6 \text{ m}}{2000} = 0.044 \text{ m}$$

2）直线比例尺

用图上线段长度表示实际水平距离的比例尺，称为直线比例尺。使用中的地形图经长时间存放会产生伸缩变形，如果用数字比例尺进行换算，则会产生误差。因此绘制地形图时常用直线比例尺。如图 8-2 所示，直线比例尺由两条平行线构成，将直线均分为若干小段，每一小段为比例尺的基本单位。再将直线最左端的一个基本单位分为十等份，以便量取不足整数部分的数。在第一个线段的右分点上注记数字 0，从 0 向左及向右所注记的数字为按数字比例尺算出的相应实际水平距离。使用时，直接用图上的线段长度与直线比例尺对比，即可读出实际距离长度，不必进行换算，还可以避免由图纸伸缩变形产生的误差。

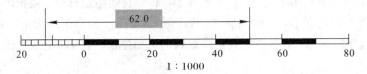

图 8-2 直线比例尺

【例 8 - 3】 用分规的两个脚尖对准地形图上要量测的两点，再移至直线比例尺上，使分规的一个脚尖放在 0 点右面适当的分划线上，另一脚尖落在 0 点左面的基本单位上，如图 8-2 所示，实地水平距离为 62.0 m。

2. 比例尺的精度

人们用肉眼在图上能分辨的最小距离为 0.1 mm，因此将地形图上 0.1 mm 所代表的实地水平距离称为比例尺精度，即

$$比例尺精度 = 0.1 \text{ mm} \times M \tag{8-2}$$

比例尺大小不同，比例尺精度不同。常用大比例尺地形图的比例尺精度如表 8-1 所示。

比例尺精度的概念有两个作用：一是根据比例尺精度，确定实测距离应准确到什么程度。例如，选用 1∶2000 比例尺测地形图时，比例尺精度为 0.1×2000＝0.2 m，则测量实地距离最小为 0.2 m，即小于 0.2 m 的长度图上无法显示。二是按照测图需要表示的最小长度来确定采用多大的比例尺地形图。例如，要在图上表示出 0.5 m 的实际长度，则选用的比例尺应不小于 0.1/(0.5×1000)=1/5000。

表 8-1 大比例尺地形图的比例尺精度

比例尺	1∶500	1∶1000	1∶2000	1∶5000	1∶10 000
比例尺精度/m	0.05	0.1	0.2	0.5	1

3. 比例尺的分类

地形图比例尺通常分为大、中、小三类。

通常把 1∶500～1∶10 000 比例尺的地形图称为大比例尺；1∶25 000～1∶100 000 比例尺的地形图称为中比例尺；1∶20 万～1∶100 万比例尺的地形图称为小比例尺。

8.1.3 地物符号

为了清晰、准确地反映地面真实情况，方便读图和用图，在地形图上用国家统一的图式符号表示地物。通常地形图的比例尺不同，各种地物符号的大小详略也有所不同。表 8-2 为国家测绘总局颁布实施的统一比例尺地形图图式。另外根据行业的特殊需要，各行业可补充图式符号。归纳起来，表示地物的符号有依比例符号、非比例符号、半依比例符号和地物注记。

表 8-2 部分地形图图式符号

名称	符号	名称	符号
房屋		坎	
在建房屋	建	山洞、溶洞	
破坏房屋	破	独立石	
建筑物下通道		石群、石块地	
花圃		沙地	
苗圃	苗	人工草地	

1. 依比例符号

地物的形状和大小，按测图比例尺进行缩绘，使图上的形状与实地形状相似，这称为依比例符号，如房屋、居民地、森林、湖泊等。依比例符号能全面反映地物的主要特征、大小、形状、位置。

2. 非比例符号

当地物过小，不能按比例尺绘出时，必须在图上采用一种特定符号表示，这种符号称为非比例符号，如独立树、测量控制点、井、亭子、水塔等。非比例符号多表示独立地物，能反映地物的位置和属性，但不能反映地物的形状和大小。

3. 半依比例符号

地物的长度能按比例尺表示，但地物的宽度不能按比例尺表示的狭长地物符号，称为半依比例符号或线形符号，如电线、管线、小路、铁路、围墙等。半依比例符号能反映地物的长度和位置。

4. 地物注记

用文字、数字和特定符号对地物加以说明和补充，这称为地物注记，如道路、河流、学校的名称，楼房的层数，点的高程，水的深度，坎的比高等。

8.1.4　地貌的表示方法

地面上各种高低起伏的自然形态，在图上常用等高线表示。

1. 等高线的概念

等高线：地面上高程相等的相邻各点所连成的封闭曲线。如图 8-3 所示，用一组高差间隔(h)相同的水平面(p)与山头地面相截，其水平面与地面的截线就是等高线，按比例尺缩绘于图纸上，加上高程注记，就形成了表示地貌的等高线图。

通常用等高线来表示地貌，这样除能表示出地貌的形态外，还能反映出某地面点的平面位置及高程和地面坡度等信息。

2. 等高距和等高线平距

如图 8-3 所示，地形图上相邻等高线的高差称为等高距，也称为等高线间隔。同一幅图中等高距相同。相邻等高线之间的水平距离(d)，称为等高线平距。同一幅图中等高线平距越小，说明地面坡度越陡；等高线平距越大，说明地面坡度越平缓。

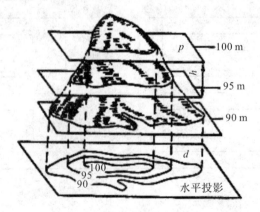

图 8-3　用等高线表示地貌

3. 等高线的分类

为了更详细地反映地貌特征和方便读图、用图，地形图常采用以下几种等高线（如图8-4所示）。

（1）基本等高线：又称首曲线，是按基本等高距绘制的等高线，用细实线表示。

（2）加粗等高线：又称计曲线，是从高程基准面起算，每隔四根首曲线用一根粗实线描绘的等高线。计曲线标注高程，其高程应等于五倍等高距的整倍数。

（3）半距等高线：又称间曲线，是当首曲线不能显示地貌特征时，按二分之一等高距描绘的等高线。间曲线用长虚线描绘。

（4）辅助等高线：又称助曲线，是当首曲线和间曲线不能显示局部微小地形特征时，按四分之一等高距加绘的等高线。助曲线用短虚线描绘。

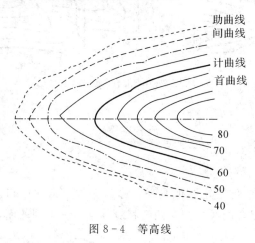

图8-4　等高线

8.1.5　基本地貌的等高线

1. 用等高线表示的基本地貌

1）山丘和洼地

图8-5(a)是山丘等高线的形状，图8-5(b)是洼地等高线的形状，两种等高线均为一组闭合曲线，可根据等高线高程字头冲向高处的注记形式加以区别，也可以根据示坡线判断，示坡线是指向下坡的短线。

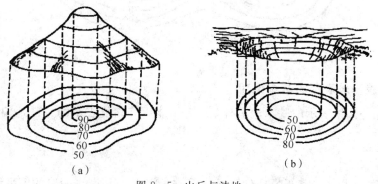

(a)　　　　　　　　　(b)

图8-5　山丘与洼地

2）山脊和山谷

山脊是山的凸棱沿着一个方向延伸隆起的高地。山脊的最高棱线，称为山脊线，又称为分水线，其等高线的形状如图8-6（a）所示，是凸向低处的。山谷是两山脊之间的凹部，谷底最低点的连线称为山谷线，又称为集水线，其等高线的形状如图8-6（b）所示，是凸向高处的。

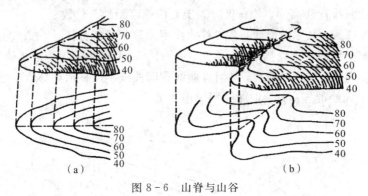

图8-6　山脊与山谷

3）阶地

阶地是山坡上出现的较平坦的地段。

4）鞍部

相邻两个山顶之间的低洼处形似马鞍，称为鞍部，又称垭口。其等高线的形状如图8-7所示，是一圈大的闭合曲线内套有两组相对称且高程不同的闭合曲线。

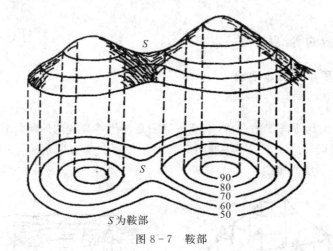

S为鞍部

图8-7　鞍部

2. 用地貌符号表示的基本地貌

除上述用等高线表示的基本地貌外，还有不能用等高线表示的特殊地貌，如峭壁、冲沟、梯田等。

1）峭壁

山坡坡度70°以上，难于攀登的陡峭崖壁称为峭壁（陡崖）。峭壁的等高线过于密集且不规则，用如图 8-8(a)所示的符号表示。

2）冲沟

冲沟是由于斜坡土质松软、多雨水冲蚀而形成的两壁陡坡的深沟，用如图 8-8(b)所示的符号表示。

3）梯田

由人工修成的阶梯式农田称为梯田，它用陡坎符号配合等高线表示。

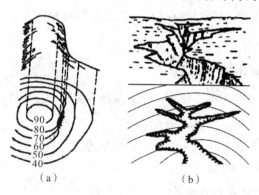

（a）　　　　　　　　　　　　　　（b）

图 8-8　陡崖与冲沟

3. 等高线的特性

掌握等高线的特性可以帮助测绘、阅读等高线图。综上所述，等高线具有以下特性：

（1）在同一条等高线上的各点，其高程必然相等。但高程相等的点不一定都在同一条等高线上。

（2）凡等高线必定为闭合曲线，不能中断。闭合圈有大有小，若不在本幅图内闭合，则在相邻其他图幅内闭合。

（3）在同一幅图内，等高线密集表示地面的坡度陡，等高线稀疏表示地面坡度缓，等高线平距相等，表示地面坡度均匀。

（4）山脊、山谷的等高线与山脊线、山谷线正交。

（5）一条等高线不能分为两根，不同高程的等高线不能相交或合并为一根，在陡崖、陡坎等高线密集处用图 8-8(a)中的符号表示。

8.2　地形图的应用

在水利工程的规划与设计阶段，需要应用各种不同比例尺的地形图。用图时，应认真阅读，充分了解地物分布和地貌变化情况，才能根据地形与有关资料，作出合理而经济的规划与设计。

1. 比例尺

规划设计时常用的有 1∶50 000、1∶25 000、1∶10 000、1∶5000、1∶2000 等几种比例尺的地形图。应适当地选用不同比例尺的地形图，以满足规划设计的需要。

2. 地形图图式

除应熟悉国家制定相应比例尺的图式外，还应了解个别单位常用的图式。对显示地貌的等高线应能判别出山丘与盆地、山脊和山谷等地貌。

3. 坐标系统与高程系统

我国大比例尺地形图一般采用全国统一规定的高斯平面直角坐标系统，某些工程建设也采用假定的独立坐标系统。1987年5月我国启用新的"1985国家高程基准"，凡仍用旧系统(1956年黄海高程系)的高程资料，使用时应归算到新的高程系统。

4. 图的分幅与编号

测区较大，图幅较多时，必须根据拼接示意图了解每幅图上、下、左、右相邻图幅的编号，便于拼接使用。

8.2.1 地形图的分幅和编号

地形图的分幅与编号有两种方法：一种是国际分幅法，另一种是正方形分幅法。

1. 国际分幅法

地形图的分幅和编号是在比例尺为1∶100万地形图的基础上按一定经差和纬差来划分的，每幅图构成一张梯形图幅。

1) 1∶100万地形图的分幅及编号

1∶100万地形图的分幅从地球赤道向两极，以纬差4°为一列，每列依次以拉丁字母A、B、C、…表示，经度由180°子午线起，从西向东，以经差6°为一行，依次以数字1、2、3、…、60表示，如图8-9所示。

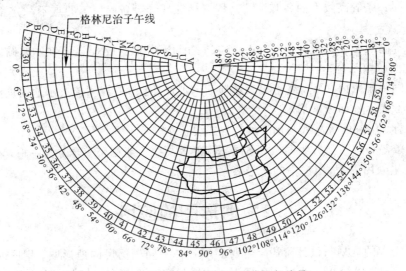

图8-9 1∶100万地形图的分幅与编号

每幅1∶100万的地形图图号，由该图的列数与行数组成，如北京所在的1∶100万地形图的编号为J-500。

由于南北半球的经度相同而纬度对称，为了区别南北半球对应图幅的编号，规定南半球的图号前加一个S。例如，SL-50表示南半球的图幅，而NL-50表示北半球的图幅。

2) 1∶10万地形图的分幅和编号

将一幅1∶100万的图按纬度差20′、经度差30′分为144幅，分别以1、2、3、…、144表示，每幅图即为 1∶10 万的图幅，如图 8-10 所示。图中北京所在图幅的编号为 J-50-5。

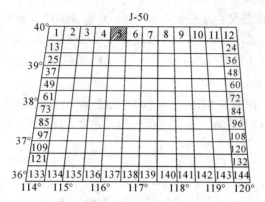

图 8-10　1∶10 万地形图的分幅和编号

3) 1∶5 万、1∶2.5 万、1∶1 万地形图的分幅和编号

1∶5 万、1∶2.5 万、1∶1 万比例尺的地形图是在 1∶10 万图幅的基础上分幅和编号的。

如图 8-11 所示，将一幅 1∶10 万的地形图分成四幅 1∶5 万的地形图，分别以甲、乙、丙、丁表示即为 1∶5 万的图幅。1∶2.5 万的图幅是将一幅 1∶5 万的地形图分成四幅 1∶2.5 万的地形图，分别以 1、2、3、4 表示。

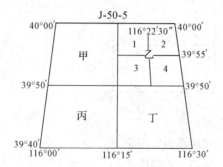

图 8-11　1∶5 万、1∶2.5 万地形图的分幅与编号

如图 8-12 所示，将一幅 1∶10 万的地形图分为 64 幅 1∶1 万的地形图，分别以(1)、(2)、…、(64)表示即为 1∶1 万的图幅。图中北京所在的 1∶1 万图幅的编号为 J-50-5-(24)。

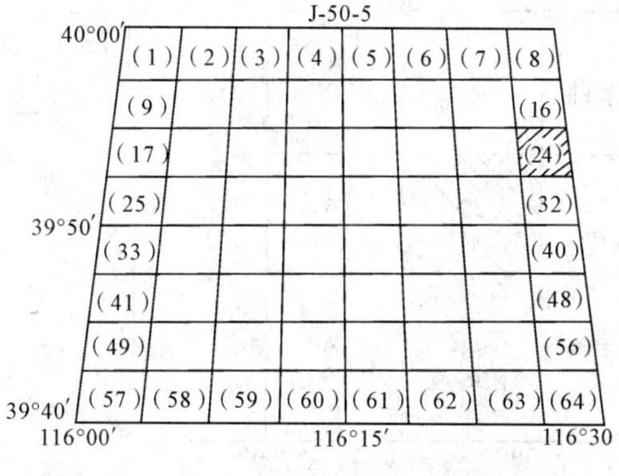

图 8-12　1∶1 万地形图的分幅与编号

4）1∶5 千、1∶2 千地形图的分幅和编号

1∶5 千和 1∶2 千比例尺的地形图是以 1∶1 万地形图的分幅和编号为基础的。将一幅 1∶1 万的地形图分为 4 幅，并在 1∶1 万地形图图号后加 a、b、c、d，即为 1∶5 千的图幅。再将一幅 1∶5 千的地形图分为 9 幅，即得 1∶2 千的地形图。

2. 正方形分幅法

国际分幅主要应用于国家基本图，工程建设中使用的大比例尺地形图一般采用正方形分幅。当采用国家统一坐标系统时，正方形图幅编号主要由下列两项组成：

(1) 图幅所在带的中央子午线的经度。

(2) 图幅西南角以 km 计的坐标值 x、y。

例如：图 8-13 中，$117°+290+484$，表示中央子午线为 $117°$，图幅西南角的坐标为 $x=+290$ km，$y=+484$ km。它是一幅 1∶5000 的地形图。

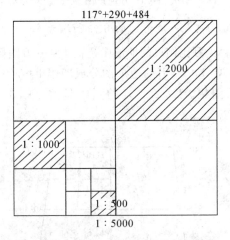

图 8-13 1∶5000 地形图的分幅与编号

当测区未与全国性三角网联系时，可采用假定直角坐标进行分幅及编号。图 8-14(a) 是 9 张 1∶2000 比例尺的分幅图。每幅图的编号及图名注于图上。有斜线的那幅图取名为俞庄，编号为"5"。有"×"号的一点是俞庄的西南角，它的坐标是：$x=4000$ m，$y=5000$ m。其 1∶2000 地形图的图幅如图 8-14(b) 所示。

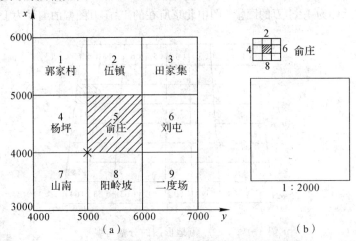

图 8-14 以假定直角坐标表示的正方形分幅

8.2.2　地形图应用的基本知识

1. 地物判读

地物判读主要包括：测量控制点、居民地、工业建筑、公路、铁路、管道、管线、水系、境界等。在地形图上地物是用图例符号加以注记表示的，同一地物在不同比例尺地形图的图例符号可能会不同，为了正确使用地形图，应熟悉图例符号代表地物的名称、位置、方向等。

2. 地貌判读

地面上地貌的变化虽然千差万别，形态不同，但不外乎由山丘、洼地、山脊、山谷、鞍部等基本地貌组成。通常称这些基本地貌为地貌要素。判读地貌必须熟悉各地貌要素的等高线，另外还要善于判读显示地貌轮廓的山脊线和山谷线。地貌复杂时，可在图上先勾绘出山脊线和山谷线形成地貌轮廓，这样可以很快地看出地形全貌。

3. 地形图的基本用途

地形图的用途十分广泛，应用中主要利用地形图等高线来解决工程中的实际问题。

1）确定一点的高程

（1）地面点位于等高线上时，点的高程等于等高线高程。

（2）地面点位于两等高线之间时，点的高程按高差与平距成比例的方法求得。

【例 8-4】　如图 8-15 所示，求 c 点的高程。

通过 c 点作近似垂直于相邻等高线的直线 ab，量取 ab 长度为 10 mm，ac 长度为 6 mm，则 c 点的高程为

$$H_c = H_a + \frac{ac}{ab} \times h$$

$$H_c = 50.0 + \frac{6}{10} \times 1.0 = 50.6 \text{ m}$$

式中：H_a 为 a 点的高程；h 为等高距。

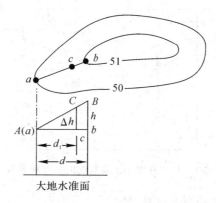

图 8-15　高程的求法

2）在地形图上确定一点的平面位置

图上一点的位置，通常采用量取坐标的方法来确定，图框边线上所注的数字就是坐标格网的坐标值，它们是量取坐标的依据。

【例 8-5】 如图 8-16 所示，设地形图比例尺为 1∶1000，求 A 点的平面直角坐标。

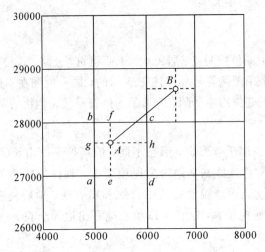

图 8-16 在地形图上确定一点的平面位置

(1) 通过 A 点作平行于坐标格网的两条直线，交邻近的格网线于 f、g、h、e。

(2) 用比例尺量取 Ae 和 Ag 距离：$Ae = 63.5$ m、$Ag = 54.5$ m。

$$X_A = X_A + Ae = 27000 + 63.5 = 27063.5 \text{ m}$$

$$Y_A = Y_A + Ag = 5000 + 54.5 = 5054.5 \text{ m}$$

要求精度较高时，就要考虑图纸的伸缩误差，即方格网的长度不等于 10 cm，要按公式计算。

3) 在图上确定直线的长度和方向

确定图上直线长度和方向的常用方法有解析法和图解法。本书只介绍图解法。

图解法步骤：用直尺量取 AB(见图 8-17)的长度，过直线 AB 的端点 A 作纵轴 x 的平行线，然后用量角器直接量取该平行线与直线 AB 的交角，即方位角。

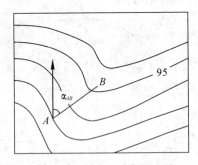

图 8-17 在图上确定直线的长度和方向

4) 在地形图上确定点的高程及坡度

如图 8-17 所示，AB 的坡度为

$$i = \frac{h}{D} = \frac{h}{\Delta M}$$

式中：h 为 AB 对应等高线的差值，ΔM 为 AB 线段长度对应的实际距离。

4. 在地形图上绘制某方向的断面图

如图 8-18(a)所示，欲沿直线 AB 方向绘制断面图。先将直线 AB 与图上等高线的交点标出，如 b、c、d 等点。绘制断面图时，以横坐标轴 AQ 代表水平距离，以纵坐标轴 AH 代表高程。然后在地形图上，沿 AB 方向量取 b、c、…、p、B 各点至 A 点的水平距离；将这些距离按比例尺展绘在横坐标轴 AQ 线上，得 A、b、c、…、p、B 各点；通过这些点作 AQ 的垂线，在垂线上，按高程比例尺（一般大于距离比例尺）分别截取 A、b、c、…、p、B 等点的高程。将各垂线上的高程点连接起来，就得到直线 AB 方向上的断面图，如图 8-18(b) 所示。

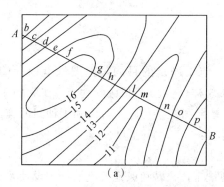
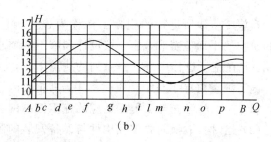

图 8-18 利用地形图绘制断面图

思考与练习

（1）什么是地形图比例尺及比例尺精度？地形图比例尺可分为哪几类？

（2）何谓地物和地貌？地形图上的地物符号分为哪几类？试举例说明。

（3）什么是等高线、等高距及等高线平距？它们与地面坡度有什么关系？

（4）何谓山脊线、山谷线和鞍部？试用等高线绘出山脊线、山谷线和鞍部。

（5）等高线有哪些特性？

（6）什么是数字化测图？它有哪些特点？

第9章　建筑施工测量

9.1　施　工　测　量

9.1.1　施工测量概述

在施工阶段所进行的测量工作称为施工测量。施工测量的目的是把图纸上设计的建（构）筑物的平面位置和高程，按设计和施工的要求放样（测设）到相应的地点，作为施工的依据。并在施工过程中进行一系列的测量工作，以指导和衔接各施工阶段和工种间的施工。

施工测量贯穿于整个施工过程中，其主要内容有：

(1) 施工前建立与工程相适应的施工控制网。

(2) 建（构）筑物的放样及构件与设备安装的测量工作。以确保施工质量符合设计要求。

(3) 检查和验收工作。每道工序完成后，都要通过测量检查工程各部位的实际位置和高程是否符合要求，根据实测验收的记录，编绘竣工图和资料，作为验收时鉴定工程质量和工程交付后管理、维修、扩建、改建的依据。

(4) 变形观测工作。随着施工的进展，测定建（构）筑物的位移和沉降，作为鉴定工程质量和验证工程设计、施工是否合理的依据。

9.1.2　施工测量的特点

(1) 施工测量是直接为工程施工服务的，因此它必须与施工组织计划相协调。测量人员必须了解设计的内容、性质及其对测量工作的精度要求，随时掌握工程进度及现场变动，使测设精度和速度满足施工的需要。

(2) 施工测量的精度主要取决于建（构）筑物的大小、性质、用途、材料、施工方法等因素。一般高层建筑施工测量精度应高于低层建筑，装配式建筑施工测量精度应高于非装配式，钢结构建筑施工测量精度应高于钢筋混凝土结构建筑。往往局部精度高于整体定位精度。

(3) 施工现场各工序交叉作业、材料堆放、运输频繁、场地变动及施工机械的震动，易使测量标志遭到破坏。因此，测量标志从形式、选点到埋设均应便于使用、保管和检查，如有破坏，应及时恢复。

9.1.3　施工测量的原则

为了保证各个建（构）筑物的平面位置和高程都符合设计要求，施工测量也应遵循"从整体到局部，先控制后碎部"的原则。即在施工现场先建立统一的平面控制网和高程控制网，然后，根据控制点的点位，测设各个建（构）筑物的位置。

此外，施工测量的检核工作也很重要。因此，必须加强外业和内业的检核工作。

9.2 建筑施工场地的控制测量

9.2.1 概述

由于在勘探设计阶段所建立的控制网是为测图而建立的，有时并未考虑施工的需要，所以控制点的分布、密度和精度，都难以满足施工测量的要求；另外，在平整场地时，大多控制点被破坏。因此施工之前，在建筑场地应重新建立专门的施工控制网。

1. 施工控制网的分类

施工控制网分为平面控制网和高程控制网两种。

（1）施工平面控制网。施工平面控制网可以布设成三角网、导线网、建筑方格网和建筑基线四种形式。

① 三角网。对于地势起伏较大，通视条件较好的施工场地，可采用三角网。

② 导线网。对于地势平坦，通视又比较困难的施工场地，可采用导线网。

③ 建筑方格网。对于建筑物多为矩形且布置比较规则和密集的施工场地，可采用建筑方格网。

④ 建筑基线。对于地势平坦且又简单的小型施工场地，可采用建筑基线。

（2）施工高程控制网。施工高程控制网采用水准网。

2. 施工控制网的特点

与测图控制网相比，施工控制网具有控制范围小、控制点密度大、精度要求高及使用频繁等特点。

9.2.2 施工场地的平面控制测量

1. 施工坐标系与测量坐标系的坐标换算

施工坐标系亦称建筑坐标系，其坐标轴与主要建筑物主轴线平行或垂直，以便用直角坐标法进行建筑物的放样。

施工控制测量的建筑基线和建筑方格网一般采用施工坐标系，而施工坐标系与测量坐标系往往不一致，因此，施工测量前常常需要进行施工坐标系与测量坐标系的坐标换算。

如图 9-1 所示，设 xOy 为测量坐标系，$x'O'y'$ 为施工坐标系，x_0、y_0 为施工坐标系的原点 O' 在测量坐标系中的坐标，α 为施工坐标系的纵轴 $O'x'$ 在测量坐标系中的坐标方位角。若已知 P 点的施工坐标为 (x'_P, y'_P)，则可按下式将其换算为测量坐标 (x_P, y_P)：

$$\begin{cases} x_P = x_O + x'_P \cos\alpha - y'_P \sin\alpha \\ y_P = y_O + x'_P \sin\alpha + y'_P \cos\alpha \end{cases} \tag{9-1}$$

如已知 P 的测量坐标，则可按下式将其换算为施工坐标：

$$\begin{cases} x'_P = (x_P - x_O)\cos\alpha + (y_P - y_O)\sin\alpha \\ y'_P = -(x_P - x_O)\sin\alpha + (y_P - y_O)\cos\alpha \end{cases} \tag{9-2}$$

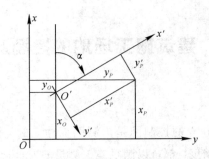

图 9-1　施工坐标系与测量坐标系的换算

2. 建筑基线

建筑基线是建筑场地的施工控制基准线，即在建筑场地布置一条或几条轴线。它适用于建筑设计总平面图布置比较简单的小型建筑场地。

1）建筑基线的布设形式

建筑基线的布设形式，应根据建筑物的分布、施工场地地形等因素来确定。常用的布设形式有"一"字形、"L"形、"十"字形和"T"形，如图 9-2 所示。

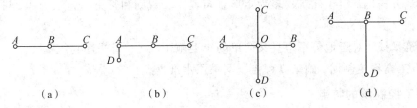

（a）　　　　　　（b）　　　　　（c）　　　　　（d）

图 9-2　建筑基线的布设形式

2）建筑基线的布设要求

（1）建筑基线应尽可能靠近拟建的主要建筑物，并与其主要轴线平行，以便使用比较简单的直角坐标法进行建筑物的定位。

（2）建筑基线上的基线点应不少于三个，以便相互检核。

（3）建筑基线应尽可能与施工场地的建筑红线相连系。

（4）基线点位应选在通视良好和不易被破坏的地方，为能长期保存，要埋设永久性的混凝土桩。

3）建筑基线的测设方法

根据施工场地的条件不同，建筑基线的测设方法有以下两种：

（1）根据建筑红线测设建筑基线。由城市测绘部门测定的建筑用地界定基准线，称为建筑红线。在城市建设区，建筑红线可用作建筑基线测设的依据。如图 9-3 所示，AB、AC 为建筑红线，1、2、3 为建筑基线点，利用建筑红线测设建筑基线的方法如下：

首先，从 A 点沿 AB 方向量取 d_2 定出 P 点，沿 AC 方向量取 d_1 定出 Q 点。

然后，过 B 点作 AB 的垂线，沿垂线量取 d_1 定出 2 点，作出标志；过 C 点作 AC 的垂线，沿垂线量取 d_2 定出 3 点，作出标志；用细线拉出直线 $P3$ 和 $Q2$，两条直线的交点即为 1 点，作出标志。

最后，在 1 点安置经纬仪，精确观测 ∠213，其与 90°的差值应小于 ±20″。

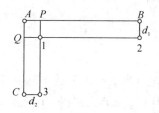

图 9 - 3　根据建筑红线测设建筑基线

（2）根据附近已有控制点测设建筑基线。在新建筑区，可以利用建筑基线的设计坐标和附近已有控制点的坐标，用极坐标法测设建筑基线。如图 9 - 4 所示，A、B 为附近已有控制点，1、2、3 为选定的建筑基线点。具体的测设方法为：首先，根据已知控制点和建筑基线点的坐标，计算出测设数据 β_1、D_1、β_2、D_2、β_3、D_3。然后，用极坐标法测设 1、2、3 点。

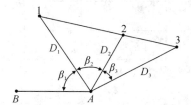

图 9 - 4　根据控制点测设建筑基线

由于存在测量误差，测设的基线点往往不在同一直线上，且点与点之间的距离与设计值也不完全相符，因此，需要精确测出已测设直线的折角 β' 和距离 D'，并与设计值相比较。如图 9 - 5 所示，如果 $\Delta\beta=\beta'-180°$ 超过 ±15″，则应对 $1'$、$2'$、$3'$ 点在与基线垂直的方向上进行等量调整，调整量按下式计算：

$$\delta=\frac{ab}{a+b}\times\frac{\Delta\beta}{2\rho} \qquad (9-3)$$

式中：δ 为各点的调整值（m）；a、b 分别为 12、23 的长度（m）。

如果测设距离超限，如 $\frac{\Delta D}{D}=\frac{D'-D}{D}>\frac{1}{10\ 000}$，则以 2 点为准，按设计长度沿基线方向调整 $1'$、$3'$ 点。

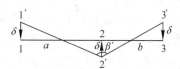

图 9 - 5　基线点的调整

3. 建筑方格网

由正方形或矩形组成的施工平面控制网，称为建筑方格网，或称矩形网，如图 9 - 6 所示。建筑方格网适用于按矩形布置的建筑群或大型建筑场地。

1）建筑方格网的布设

布设建筑方格网时，应根据总平面图上各建（构）筑物、道路及各种管线的布置，结合现场的地形条件来确定。如图9-6所示，先确定方格网的主轴线 AOB 和 COD，然后再布设方格网。

2）建筑方格网的测设

测设方法如下：

（1）主轴线测设。主轴线测设与建筑基线测设方法相似。首先，准备测设数据。然后，测设两条互相垂直的主轴线 AOB 和 COD，如图9-6所示。主轴线实质上是由5个主点 A、B、O、C 和 D 组成的。最后，精确检测主轴线点的相对位置关系，并与设计值相比较，如果超限，则应进行调整。

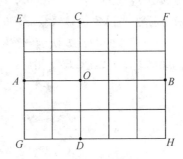

图9-6　建筑方格网

建筑方格网的主要技术要求如表9-1所示。

表 9-1　建筑方格网的主要技术要求

等级	边长/m	测角中误差	边长相对中误差	测角检测限差	边长检测限差
Ⅰ级	100～300	5″	1/30 000	10″	1/15 000
Ⅱ级	100～300	8″	1/20 000	16″	1/10 000

（2）方格网点测设。主轴线测设后，分别在主点 A、B 和 C、D 安置经纬仪，后视主点 O，向左右测设90°水平角，即可交会出田字形方格网点。随后再作检核，测量相邻两点间的距离，看是否与设计值相等，测量其角度是否为90°，误差均应在允许范围内。检核无误后埋设永久性标志。

建筑方格网轴线与建筑物轴线平行或垂直，因此，可用直角坐标法进行建筑物的定位。建筑方格网的优点是计算简单，测设比较方便，而且精度较高；其缺点是必须按照总平面图布置，点位易被破坏，而且测设工作量较大。

由于建筑方格网的测设工作量大，测设精度要求高，因此可委托专业测量单位进行。

9.2.3　施工场地的高程控制测量

1. 施工场地高程控制网的建立

建筑施工场地的高程控制测量一般采用水准测量方法，应根据施工场地附近的国家或城市已知水准点，测定施工场地水准点的高程，以便纳入统一的高程系统。

在施工场地上，水准点的密度，应尽可能满足安置一次仪器即可测设出所需的高程。而测图时敷设的水准点往往是不够的，因此，还需增设一些水准点。在一般情况下，建筑基线点、建筑方格网点以及导线点也可兼作高程控制点。只要在平面控制点桩面上中心点旁边，设置一个突出的半球状标志即可。

为了便于检核和提高测量精度，施工场地高程控制网应布设成闭合或附合路线。高程控制网可分为首级网和加密网，相应的水准点称为基本水准点和施工水准点。

2．基本水准点

基本水准点应布设在土质坚实、不受施工影响、无震动和便于实测的位置上，并埋设永久性标志。一般情况下，按四等水准测量的方法测定基本水准点的高程，而对于为连续性生产车间或地下管道测设所建立的基本水准点，则需按三等水准测量的方法测定其高程。

3．施工水准点

施工水准点是用来直接测设建筑物高程的。为了测设方便和减少误差，施工水准点应靠近建筑物。

此外，由于设计建筑物常以底层室内地坪高±0 标高为高程起算面，为了施工引测设方便，常在建筑物内部或附近测设±0 水准点。±0 水准点的位置，一般选在稳定的建筑物墙、柱的侧面，用红漆绘成顶为水平线的"▼▼"形，其顶端表示±0 位置。

9.3　多层民用建筑施工测量

民用建筑是指住宅、办公楼、食堂、俱乐部、医院和学校等建筑物。民用建筑施工测量的主要任务是建筑物的定位和放线、基础工程施工测量、墙体工程施工测量及高层建筑施工测量等。

9.3.1　施工测量前的准备工作

（1）熟悉设计图纸。设计图纸是施工测量的主要依据，在测设前，应熟悉建筑物的设计图纸，了解施工建筑物与相邻地物的相互关系，以及建筑物的尺寸和施工的要求等，并仔细核对各设计图纸的有关尺寸。测设时必须具备下列图纸资料：

① 总平面图。如图 9-7 所示，从总平面图上，可以查取或计算设计建筑物与原有建筑物或测量控制点之间的平面尺寸和高差，作为测设建筑物总体位置的依据。

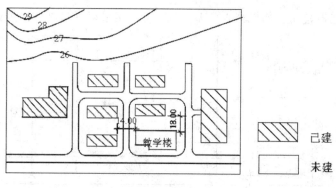

图 9-7　总平面图

② 建筑平面图。从建筑平面图中，可以查平面图取建筑物的总尺寸，以及内部各定位轴线之间的关系尺寸，这是施工测设的基本资料。

③ 基础平面图。从基础平面图上，可以查取基础边线与定位轴线的平面尺寸，这是测设基础轴线的必要数据。

④ 基础详图。从基础详图中，可以查取基础立面尺寸和设计标高，这是基础高程测设的依据。

⑤ 建筑物的立面图和剖面图。从建筑物的立面图和剖面图中，可以查取基础、地坪、门窗、楼板、屋架和屋面等设计高程，这是高程测设的主要依据。

（2）现场踏勘全面了解现场情况，对施工场地上的平面控制点和水准点进行检核。

（3）施工场地整理。平整和清理施工场地，以便进行测设工作。

（4）制定测设方案。根据设计要求、定位条件、现场地形和施工方案等因素，制定测设方案，包括测设方法、测设数据计算和绘制测设略图。

（5）仪器和工具。应对测设所使用的仪器和工具进行检核。

9.3.2 定位和放线

1. 建筑物的定位

建筑物的定位，就是将建筑物外廓各轴线交点（简称角桩，即图 9 - 8 中的 M、N、P 和 Q）测设在地面上，作为基础放样和细部放样的依据。

由于定位条件不同，定位方法也不同。本节介绍根据已有建筑物测设拟建建筑物的方法。

（1）如图 9 - 8 所示，用钢尺沿宿舍楼的东、西墙，延长出一小段距离 l 得 a、b 两点，作出标志。

（2）在 a 点安置经纬仪，瞄准 b 点，并从 b 沿 ab 方向量取 14.240 m（教学楼的外墙厚 370 mm；轴线偏里，距离外墙皮 240 mm），定出 c 点，作出标志；再继续沿 ab 方向从 c 点起量取 25.800 m，定出 d 点，作出标志。cd 线就是测设教学楼平面位置的建筑基线。

（3）分别在 c、d 两点安置经纬仪，瞄准 a 点，顺时针方向测设 90°，沿此视线方向量取距离 $l+0.240$ m，定出 M、Q 两点，作出标志，再继续量取 15.000 m，定出 N、P 两点，作出标志。M、N、P、Q 四点即为教学楼外廓定位轴线的交点。

（4）检查 NP 的距离是否等于 25.800 m，$\angle N$ 和 $\angle P$ 是否等于 90°，其误差应在允许范围内。

如施工场地已有建筑方格网或建筑基线，则可直接采用直角坐标法进行定位。

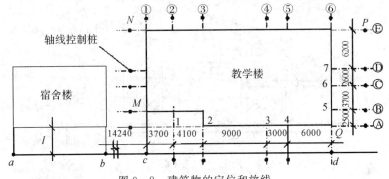

图 9 - 8　建筑物的定位和放线

2. 建筑物的放线

建筑物的放线是指根据已定位的外墙轴线交点桩(角桩),详细测设出建筑物各轴线的交点桩(或称中心桩),然后,根据交点桩用白灰撒出基槽开挖边界线。放线方法如下:

1) 在外墙轴线周边上测设中心桩位置

如图 9-8 所示,在 M 点安置经纬仪,瞄准 Q 点,用钢尺沿 MQ 方向量出相邻两轴线间的距离,定出 1、2、3、4 各点,同理可定出 5、6、7 各点。量距精度应达到设计精度要求。量出各轴线之间距离时,钢尺零点要始终对在同一点上。

2) 恢复轴线位置的方法

由于在开挖基槽时,角桩和中心桩要被挖掉,为了便于在施工中,恢复各轴线位置,应把各轴线延长到基槽外安全地点,并做好标志。其方法有设置轴线控制桩和龙门板两种形式。

(1) 设置轴线控制桩。轴线控制桩设置在基槽外,基础轴线的延长线上,作为开槽后,各施工阶段恢复轴线的依据。轴线控制桩一般设置在基槽外 2～4 m 处,打下木桩,桩顶钉上小钉,准确标出轴线位置,并用混凝土包裹木桩,如图 9-9 所示。如附近有建筑物,亦可把轴线投测到建筑物上,用红漆作出标志,以代替轴线控制桩。

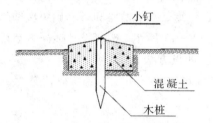

图 9-9　轴线控制桩

(2) 设置龙门板。在小型民用建筑施工中,常将各轴线引测到基槽外的水平木板上。水平木板称为龙门板,固定龙门板的木桩称为龙门桩,如图 9-10 所示。

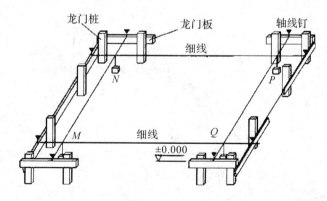

图 9-10　龙门板

设置龙门板的步骤如下:

在建筑物四角与隔墙两端,基槽开挖边界线以外 1.5～2 m 处,设置龙门桩。龙门桩要钉得竖直、牢固,龙门桩的外侧面应与基槽平行。

根据施工场地的水准点,用水准仪在每个龙门桩外侧,测设出该建筑物室内地坪设计高程线(即±0标高线),并作出标志。

沿龙门桩上±0标高线钉设龙门板,这样龙门板顶面的高程就同在±0的水平面上。然后,用水准仪校核龙门板的高程,如有差错应及时纠正,其允许误差为±5 mm。

在N点安置经纬仪,瞄准P点,沿视线方向在龙门板上定出一点,用小钉作标志,纵转望远镜在N点的龙门板上也钉一个小钉。用同样的方法,将各轴线引测到龙门板上,所钉之小钉称为轴线钉。轴线钉定位误差应小于±5 mm。

最后,用钢尺沿龙门板的顶面,检查轴线钉的间距,其误差不超过1:2000。检查合格后,以轴线钉为准,将墙边线、基础边线、基础开挖边线等标定在龙门板上。

9.3.3 基础工程施工测量

1. 基槽抄平

建筑施工中的高程测设,又称抄平。为了控制基槽的开挖深度,当快挖到槽底设计标高时,应用水准仪根据地面上±0.000 m点,在槽壁上测设一些水平小木桩(称为水平桩),使木桩的上表面离槽底的设计标高为一固定值(如0.500 m)。

为了施工时使用方便,一般在槽壁各拐角处、深度变化处和基槽壁上每隔3~4 m测设一水平桩。水平桩可作为挖槽深度、修平槽底和打基础垫层的依据。

水平桩的测设方法,如图9-11所示,槽底设计标高为-1.700 m,欲测设比槽底设计标高高0.500 m的水平桩,其测设方法如下:

(1)在地面适当地方安置水准仪,在±0标高线位置上立水准尺,读取后视读数为1.318 m。

(2)计算测设水平桩的应读前视读数$b_{应}$:

$$b_{应} = a - h = 1.318 - (-1.700 + 0.500) = 2.518 \text{ m}$$

(3)在槽内一侧立水准尺,并上下移动,直至水准仪视线读数为2.518 m时,沿水准尺尺底在槽壁打入一小木桩。

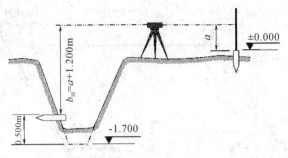

图9-11 水平桩的测设

2. 垫层中线的投测

基础垫层打好后,根据轴线控制桩或龙门板上的轴线钉,用经纬仪或用拉绳挂垂球的方法,把轴线投测到垫层上,如图9-12所示,并用墨线弹出墙中心线和基础边线,作为砌筑基础的依据。

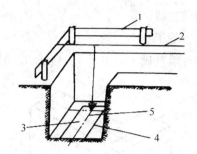

1—龙门板；2—细线；3—垫层；4—基础边线；5—墙中线

图 9-12　垫层中线的投测

由于整个墙身砌筑均以垫层中线为准，这是确定建筑物位置的关键环节，所以要严格校核后方可进行砌筑施工。

3. 基础墙标高的控制

房屋基础墙是指±0.000 m 以下的砖墙，它的高度是用基础皮数杆来控制的。

（1）基础皮数杆是一根木制的杆子，如图 9-13 所示，在杆上事先按照设计尺寸，将砖、灰缝厚度画出线条，并标明±0.000 m 和防潮层的标高位置。

（2）立皮数杆时，先在立杆处打一木桩，用水准仪在木桩侧面定出一条高于垫层某一数值（如 100 mm）的水平线，然后将皮数杆上标高相同的一条线与木桩上的水平线对齐，并用大铁钉把皮数杆与木桩钉在一起，作为基础墙的标高依据。

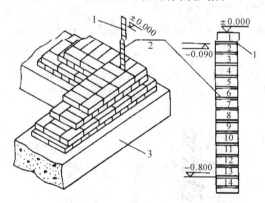

1—防潮层；2—皮数杆；3—垫层

图 9-13　基础墙标高的控制

4. 基础面标高的检查

基础施工结束后，应检查基础面的标高是否符合设计要求（也可检查防潮层）。可用水准仪测出基础面上若干点的高程和设计高程比较，其允许误差为±10 mm。

9.3.4　墙体施工测量

1. 墙体定位

（1）利用轴线控制桩或龙门板上的轴线和墙边线标志，用经纬仪或拉细绳挂垂球的方法将轴线投测到基础面上或防潮层上。

（2）用墨线弹出墙中线和墙边线。

（3）检查外墙轴线交角是否等于90°。

（4）把墙轴线延伸并画在外墙基础上，如图9-14所示，作为向上投测轴线的依据。

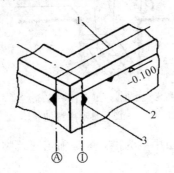

1—墙中心线；2—外墙基础；3—轴线

图9-14 墙体定位

（5）把门、窗和其他洞口的边线，也在外墙基础上标定出来。

2.墙体各部位标高控制

在墙体施工中，墙身各部位标高通常也是用皮数杆控制的。

（1）在墙身皮数杆上，根据设计尺寸，按砖、灰缝的厚度画出线条，并标明0.000 m、门、窗、楼板等的标高位置，如图9-15所示。

（2）墙身皮数杆的设立与基础皮数杆相同，使皮数杆上的0.000 m标高与房屋的室内地坪标高相吻合。在墙的转角处，每隔10～15 m设置一根皮数杆。

（3）在墙身砌起1 m以后，就在室内墙身上定出+0.500 m的标高线，作为该层地面施工和室内装修的依据。

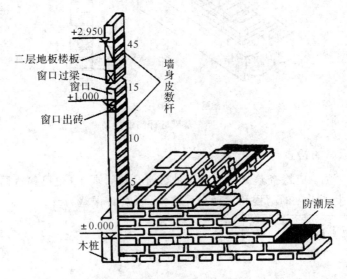

图9-15 墙身皮数杆的设置

（4）第二层以上墙体施工中，为了使皮数杆在同一水平面上，要用水准仪测出楼板四角的标高，取平均值作为地坪标高，并以此作为立皮数杆的标志。

对于框架结构的民用建筑，其墙体砌筑是在框架施工后进行的，故可在柱面上画线，代替皮数杆。

9.3.5　建筑物的轴线投测

在多层建筑墙身砌筑过程中，为了保证建筑物轴线位置正确，可用吊垂球或经纬仪将轴线投测到各层楼板边缘或柱顶上。

1. 吊垂球法

将较重的垂球悬吊在楼板或柱顶边缘，当垂球尖对准基础墙面上的轴线标志时，线在楼板或柱顶边缘的位置即为楼层轴线端点位置，并画出标志线。各轴线的端点投测完后，用钢尺检核各轴线的间距，符合要求后，继续施工，并把轴线逐层自下向上传递。

吊垂球法简便易行，不受施工场地限制，一般能保证施工质量。但当有风或建筑物较高时，吊垂球法投测误差较大，应采用经纬仪投测法。

2. 经纬仪投测法

在轴线控制桩上安置经纬仪，严格整平后，瞄准基础墙面上的轴线标志，用盘左、盘右分中投点法，将轴线投测到楼层边缘或柱顶上。将所有端点投测到楼板上之后，用钢尺检核其间距，相对误差不得大于 1/2000。检查合格后，才能在楼板上分间弹线，继续施工。

9.3.6　建筑物的高程传递

在多层建筑施工中，要由下层向上层传递高程，以便楼板、门窗口等的标高符合设计要求。高程传递的方法有以下几种：

1）利用皮数杆传递高程

一般建筑物可用墙身皮数杆传递高程。具体方法参照"墙体各部位标高控制"。

2）利用钢尺直接丈量

对于高程传递精度要求较高的建筑物，通常用钢尺直接丈量来传递高程。对于二层以上的各层，每砌高一层，就从楼梯间用钢尺从下层的"＋0.500 m"标高线，向上量出层高，测出上一层的"＋0.500 m"标高线。这样用钢尺逐层向上引测。

3）吊钢尺法

用悬挂钢尺代替水准尺，用水准仪读数，从下向上传递高程。

9.4　高层建筑施工测量

高层建筑物施工测量中的主要问题是控制垂直度，就是将建筑物的基础轴线准确地向高层引测，并保证各层相应轴线位于同一竖直面内，控制竖向偏差，使轴线向上投测的偏差值不超限。

轴线向上投测时，要求竖向误差在本层内不超过 5 mm，全楼累计误差值不应超过

$2H/10\ 000$(H 为建筑物总高度),且不应大于:

30 m$<H\leqslant$60 m 时,10 mm;

60 m$<H\leqslant$90 m 时,15 mm;

90 m$<H$ 时,20 mm。

高层建筑物轴线的竖向投测主要有外控法和内控法两种,本节分别介绍这两种方法。

9.4.1 外控法

外控法是在建筑物外部,利用经纬仪,根据建筑物轴线控制桩来进行轴线的竖向投测,亦称作"经纬仪引桩投测法"。具体操作方法如下:

1. 在建筑物底部投测中心轴线位置

高层建筑的基础工程完工后,将经纬仪安置在轴线控制桩 A_1、A_1'、B_1 和 B_1' 上,把建筑物主轴线精确地投测到建筑物的底部,并设立标志,如图 9-16 中的 a_1、a_1'、b_1 和 b_1',以供下一步施工与向上投测之用。

2. 向上投测中心线

随着建筑物不断升高,要逐层将轴线向上传递,如图 9-16 所示,将经纬仪安置在中心轴线控制桩 A_1、A_1'、B_1 和 B_1' 上,严格整平仪器,用望远镜瞄准建筑物底部已标出的轴线 a_1、a_1'、b_1 和 b_1' 点,用盘左和盘右分别向上投测到每层楼板上,并取其中点作为该层中心轴线的投影点,如图 9-16 中的 a_2、a_2'、b_2 和 b_2'。

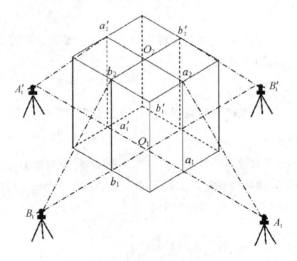

图 9-16 经纬仪投测中心轴线

3. 增设轴线引桩

当楼房逐渐增高,而轴线控制桩距建筑物又较近时,望远镜的仰角较大,操作不便,投测精度也会降低。为此,要将原中心轴线控制桩引测到更远的安全地方,或者附近大楼的屋面。

具体做法是:将经纬仪安置在已经投测上去的较高层(如第十层)楼面轴线 $a_{10}a_{10}'$ 上,如图 9-17 所示,瞄准地面上原有的轴线控制桩 A_1 和 A_1' 点,用盘左、盘右分中投点法,将轴线延

长到远处 A_2 和 A_2' 点，并用标志固定其位置，A_2、A_2' 即为新投测的 A_1A_1' 轴控制桩。

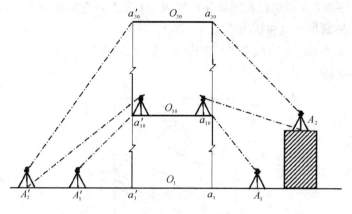

图 9 - 17　经纬仪引桩投测

对于更高层的中心轴线，可将经纬仪安置在新的引桩上，按上述方法继续进行投测。

9.4.2　内控法

内控法的操作步骤是：在建筑物内±0 平面设置轴线控制点，并预埋标志，然后在各层楼板相应位置上预留 200 mm×200 mm 的传递孔，最后在轴线控制点上直接采用吊线坠法或激光铅垂仪法，通过预留孔将其点位垂直投测到任一楼层。

1. 内控法轴线控制点的设置

在基础施工完毕后，在±0 首层平面上，适当位置设置与轴线平行的辅助轴线。辅助轴线距轴线 500～800 mm 为宜，并在辅助轴线交点或端点处埋设标志，如图 9 - 18 所示。

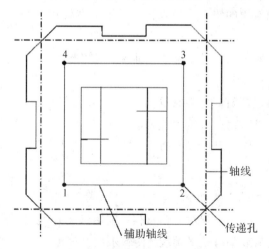

图 9 - 18 内控法轴线控制点的设置

2. 吊线坠法

吊线坠法是利用钢丝悬挂重垂球，进行轴线竖向投测的一种方法。这种方法一般用于高度为 50～100 m 的高层建筑施工中，垂球的重量约为 10～20 kg，钢丝的直径约为 0.5～0.8 mm。投测方法如下：

如图 9-19 所示,在预留孔上面安置十字架,挂上垂球,对准首层预埋标志。当垂球线静止时,固定十字架,并在预留孔四周作出标记,作为以后恢复轴线及放样的依据。此时,十字架中心即为轴线控制点在该楼面上的投测点。

用吊线坠法实测时,要采取一些必要措施,如用铅直的塑料管套着坠线或将垂球沉浸于油中,以减少摆动。

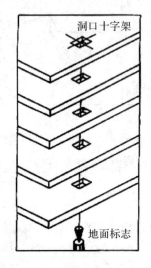

图 9-19 吊线坠法投测轴线

3. 激光铅垂仪法

1)激光铅垂仪简介

激光铅垂仪是一种专用的铅直定位仪器。适用于高层建筑物、烟囱及高塔架的铅直定位测量。

激光铅垂仪主要由氦氖激光管、精密竖轴、发射望远镜、水准器、基座、激光电源及接收屏等部分组成。

激光器通过两组固定螺钉固定在套筒内。激光铅垂仪的竖轴是空心筒轴,两端有螺扣,上、下两端分别与发射望远镜和氦氖激光器套筒相连接,二者位置可对调,构成向上或向下发射激光束的铅垂仪。仪器上设置有两个互成 90°的管水准器,并配有专用激光电源。

2)激光铅垂仪投测轴线

激光铅垂仪投测轴线的方法如下:

(1)在首层轴线控制点上安置激光铅垂仪,利用激光器底端(全反射棱镜端)所发射的激光束进行对中,通过调节基座整平螺旋,使管水准器气泡严格居中。

(2)在上层施工楼面预留孔处,放置接收靶。

(3)接通激光电源,启辉激光器发射铅直激光束,通过发射望远镜调焦,使激光束会聚成红色耀目光斑,投射到接收靶上。

(4)移动接收靶,使靶心与红色光斑重合;固定接收靶,并在预留孔四周作出标记。此时,靶心位置即为轴线控制点在该楼面上的投测点。

9.5　工业建筑施工测量

9.5.1　概述

工业建筑中以厂房为主体，一般工业厂房多采用预制构件，在现场装配的方法施工。厂房的预制构件有柱子、吊车梁和屋架等。因此，工业建筑施工测量的工作主要是保证这些预制构件安装到位。具体任务为：厂房矩形控制网测设、厂房柱列轴线放样、杯形基础施工测量及厂房预制构件安装测量等。

9.5.2　厂房矩形控制网测设

工业厂房一般都应建立厂房矩形控制网，作为厂房施工测设的依据。本节主要介绍一种根据建筑方格网用直角坐标法测设厂房矩形控制网的方法。

如图 9 - 20 所示，H、I、J、K 四点是厂房的房角点，从设计图中已知 H、J 两点的坐标。S、P、Q、R 为布置在基础开挖边线以外的厂房矩形控制网的四个角点，称为厂房控制桩。厂房矩形控制网的边线到厂房轴线的距离为 4 m，厂房控制桩 S、P、Q、R 的坐标，可按厂房角点的设计坐标，加减 4 m 算得。测设方法如下：

1. 计算测设数据

根据厂房控制桩 S、P、Q、R 的坐标，计算利用直角坐标法进行测设时，所需测设数据，计算结果标注在图 9 - 20 中。

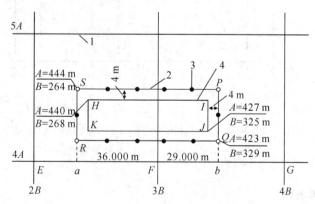

1—建筑方格网；2—厂房矩形控制网；3—距离指标桩；4—厂房轴线

图 9 - 20　厂房矩形控制网的测设

2. 厂房控制点的测设

（1）从 F 点起沿 FE 方向量取 36 m，定出 a 点；沿 FG 方向量取 29 m，定出 b 点。

（2）在 a 与 b 上安置经纬仪，分别瞄准 E 与 F 点，顺时针方向测设 90°，得两条视线方向，沿视线方向量取 23 m，定出 R、Q 点；再向前量取 21 m，定出 S、P 点。

（3）为了便于进行细部的测设，在测设厂房矩形控制网的同时，还应沿控制网测设距离指标桩，如图 9 - 20 所示，距离指标桩的间距一般等于柱子间距的整倍数。

3. 检查

(1) 检查∠S、∠P 是否等于 90°，其误差不得超过±10″。

(2) 检查 SP 是否等于设计长度，其误差不得超过 1/10 000。

以上这种方法适用于中小型厂房，对于大型或设备复杂的厂房，应先测设厂房控制网的主轴线，再根据主轴线测设厂房矩形控制网。

9.5.3 厂房柱列轴线与柱基施工测量

1. 厂房柱列轴线测设

根据厂房平面图上所注的柱间距和跨距尺寸，用钢尺沿矩形控制网各边量出各柱列轴线控制桩的位置，如图 9-21 中的 1′、2′、…，并打入大木桩，桩顶用小钉标出点位，作为柱基测设和施工安装的依据。丈量时应以相邻的两个距离指标桩为起点分别进行，以便检核。

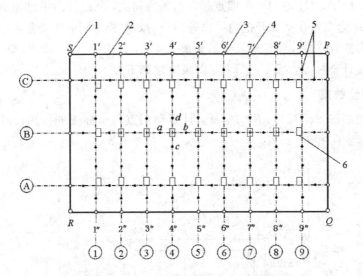

1—厂房控制桩；2—厂房矩形控制网；3—柱列轴线控制桩；4—距离指标桩；5—定位小木桩；6—柱基础

图 9-21 厂房柱列轴线和柱基测量

2. 柱基定位和放线

(1) 安置两台经纬仪，在两条互相垂直的柱列轴线控制桩上，沿轴线方向交会出各柱基的位置（即柱列轴线的交点），此项工作称为柱基定位。

(2) 在柱基的四周轴线上，打入四个定位小木桩 a、b、c、d，如图 9-21 所示，其桩位应在基础开挖边线以外，比基础深度大 1.5 倍的地方，作为修坑和立模的依据。

(3) 按照基础详图所注尺寸和基坑放坡宽度，用特制角尺，放出基坑开挖边界线，并撒出白灰线以便开挖，此项工作称为基础放线。

(4) 在进行柱基测设时，应注意柱列轴线不一定都是柱基的中心线，而一般立模、吊装等习惯用中心线，此时，应将柱列轴线平移，定出柱基中心线。

3. 柱基施工测量

1）基坑开挖深度的控制

当基坑挖到一定深度时，应在基坑四壁，离基坑底设计标高 0.5 m 处，测设水平桩，作为检查基坑底标高和控制垫层的依据。

2）杯形基础立模测量

杯形基础立模测量有以下三项工作：

（1）基础垫层打好后，根据基坑周边定位小木桩，用拉线吊垂球的方法，把柱基定位线投测到垫层上，弹出墨线，用红漆画出标记，作为柱基立模板和布置基础钢筋的依据。

（2）立模时，将模板底线对准垫层上的定位线，并用垂球检查模板是否垂直。

（3）将柱基顶面设计标高测设在模板内壁上，作为浇灌混凝土的高度依据。

9.5.4　厂房预制构件安装测量

1. 柱子安装测量

1）柱子安装应满足的基本要求

柱子中心线应与相应的柱列轴线一致，其允许偏差为 ±5 mm。牛腿顶面和柱顶面的实际标高应与设计标高一致，其允许误差为 ±（5～8 mm）；若柱高大于 5 m，则允许误差为 ±8 mm。若柱身垂直，则当柱高≤5 m 时其允许误差为 ±5 mm；当柱高为 5～10 m 时，其允许误差为 ±10 mm；当柱高超过 10 m 时，则允许误差为柱高的 1/1000，但不得大于 20 mm。

2）柱子安装前的准备工作

柱子安装前的准备工作有以下几项：

（1）在柱基顶面投测柱列轴线。柱基拆模后，用经纬仪根据柱列轴线控制桩，将柱列轴线投测到杯口顶面上，并弹出墨线，用红漆画出"▶"标志，作为安装柱子时确定轴线的依据。如果柱列轴线不通过柱子的中心线，应在杯形基础顶面上加弹柱中心线。

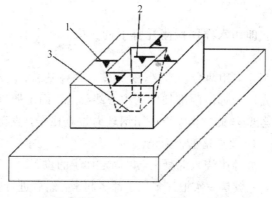

1—柱中心线；2——60 cm 标高线；3—杯底

图 9 - 22　杯形基础

用水准仪，在杯口内壁，测设一条一般为－0.600m的标高线（一般杯口顶面的标高为－0.500m），并画出"▼"标志，如图9-22所示，作为杯底找平的依据。

（2）柱身弹线。柱子安装前，应将每根柱子按轴线位置进行编号。如图9-23所示，在每根柱子的三个侧面弹出柱中心线，并在每条线的上端和下端近杯口处画出"▶"标志。根据牛腿面的设计标高，从牛腿面向下用钢尺量出－0.600m的标高线，并画出"▼"标志。

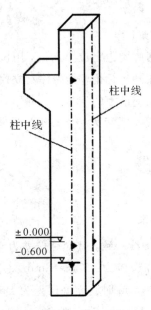

图9-23 柱身弹线

（3）杯底找平。先量出柱子的－0.600 m标高线至柱底面的长度，再在相应的柱基杯口内，量出－0.600 m标高线至杯底的高度，并进行比较，以确定杯底找平厚度，用水泥沙浆根据找平厚度，在杯底进行找平，使牛腿面符合设计高程。

3）柱子的安装测量

柱子安装测量的目的是保证柱子平面和高程符合设计要求，柱身铅直。

（1）预制的钢筋混凝土柱子插入杯口后，应使柱子三面的中心线与杯口中心线对齐，并用木楔或钢楔临时固定。

（2）柱子立稳后，立即用水准仪检测柱身上的±0.000 m标高线，其容许误差为±3 mm。

（3）如图9-24(a)所示，用两台经纬仪，分别安置在柱基纵、横轴线上，离柱子的距离不小于柱高的1.5倍，先用望远镜瞄准柱底的中心线标志，固定照准部后，再缓慢抬高望远镜观察柱子偏离十字丝竖丝的方向，指挥用钢丝绳拉直柱子，直至从两台经纬仪中，观测到的柱子中心线都与十字丝竖丝重合为止。

（4）在杯口与柱的缝隙中浇入混凝土，以固定柱子的位置。

（5）在实际安装时，一般是一次把许多柱子都竖起来，然后进行垂直校正。这时，可把两台经纬仪分别安置在纵横轴线的一侧，一次可校正几根柱子，如图9-24(b)所示，但仪器偏离轴线的角度，应在15°以内。

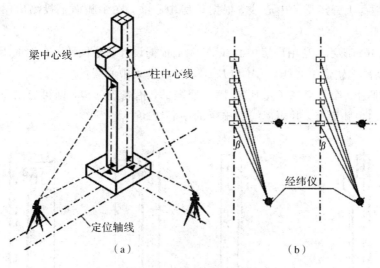

图 9-24 柱子垂直度校正

4）柱子安装测量的注意事项

所使用的经纬仪必须严格校正，操作时，应使照准部水准管气泡严格居中。校正时，除注意柱子垂直外，还应随时检查柱子中心线是否对准杯口柱列轴线标志，以防柱子安装就位后，产生水平位移。在校正变截面的柱子时，经纬仪必须安置在柱列轴线上，以免产生差错。在日照下校正柱子的垂直度时，应考虑日照使柱顶向阴面弯曲的影响，为避免此种影响，宜在早晨或阴天校正。

2. 吊车梁安装测量

吊车梁安装测量主要是保证吊车梁中线位置和吊车梁的标高满足设计要求。

1）吊车梁安装前的准备工作

吊车梁安装前的准备工作有以下几项：

（1）在柱面上量出吊车梁顶面标高。根据柱子上的±0.000 m 标高线，用钢尺沿柱面向上量出吊车梁顶面设计标高线，作为调整吊车梁面标高的依据。

（2）在吊车梁上弹出梁的中心线。如图 9-25 所示，在吊车梁的顶面和两端面上，用墨线弹出梁的中心线，作为安装定位的依据。

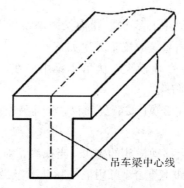

图 9-25 在吊车梁上弹出梁的中心线

（3）在牛腿面上弹出梁的中心线。根据厂房中心线，在牛腿面上投测出吊车梁的中心线，投测方法如下：

如图 9-26(a)所示，利用厂房中心线 A_1A_1，根据设计轨道间距，在地面上测设出吊车梁中心线(也是吊车轨道中心线)$A'A'$和$B'B'$。在吊车梁中心线的一个端点 A'（或 B'）上安置经纬仪，瞄准另一个端点 A'（或 B'），固定照准部，抬高望远镜，即可将吊车梁中心线投测到每根柱子的牛腿面上，并用墨线弹出梁的中心线。

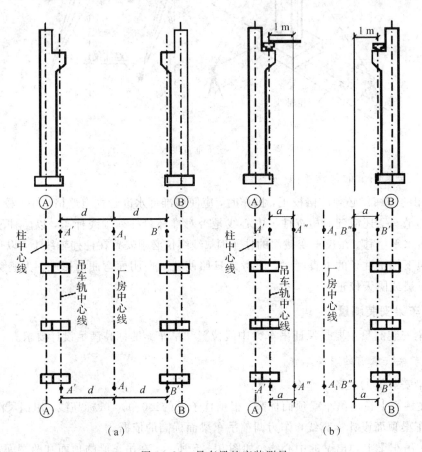

（a）　　　　　　　　（b）

图 9-26　吊车梁的安装测量

2）吊车梁的安装测量

安装时，使吊车梁两端的梁中心线与牛腿面梁中心线重合，初步定位吊车梁。采用平行线法，对吊车梁的中心线进行检测，校正方法如下：

（1）如图 9-26(b)所示，在地面上，从吊车梁中心线，向厂房中心线方向量出长度 a(1 m)，得到平行线 $A''A''$和$B''B''$。

（2）在平行线一端点 A''（或 B''）上安置经纬仪，瞄准另一端点 A''（或 B''），固定照准部，抬高望远镜进行测量。

（3）此时，另外一人在梁上移动横放的木尺，当视线正对准尺上一米刻划线时，尺的零点应与梁面上的中心线重合。如不重合，可用撬杠移动吊车梁，使吊车梁中心线到 $A''A''$（或 $B''B''$）的间距等于 1 m。

吊车梁安装就位后，先按柱面上定出的吊车梁设计标高线对吊车梁面进行调整，然后将水准仪安置在吊车梁上，每隔 3 m 测一点高程，并与设计高程比较，误差应在 3 mm 以内。

3. 屋架安装测量

1）屋架安装前的准备工作

屋架吊装前，用经纬仪或其他方法在柱顶面上，测设出屋架定位轴线。在屋架两端弹出屋架中心线，以便进行定位。

2）屋架的安装测量

屋架吊装就位时，应使屋架的中心线与柱顶面上的定位轴线对准，允许误差为 5 mm。屋架的垂直度可用垂球或经纬仪进行检查。用经纬仪检校方法如下：

（1）如图 9-27 所示，在屋架上安装三把卡尺，一把卡尺安装在屋架上弦中点附近，另外两把分别安装在屋架的两端。自屋架几何中心沿卡尺向外量出一定距离，一般为 500 mm，作出标志。

（2）在地面上，距屋架中线同样距离处，安置经纬仪，观测三把卡尺的标志是否在同一竖直面内，如果屋架竖向偏差较大，则用机具校正，最后将屋架固定。

垂直度允许偏差：薄腹梁为 5 mm；桁架为屋架高的 1/250。

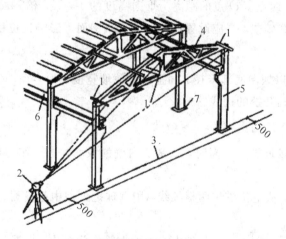

1—卡尺；2—经纬仪；3—定位轴线；4—屋架；5—柱；6—吊车梁；7—柱基

图 9-27　屋架的安装测量

9.5.5　烟囱、水塔施工测量

烟囱和水塔的施工测量相似，现以烟囱为例进行说明。烟囱是截圆锥形的高耸构筑物，其特点是基础小，主体高。施工测量的主要目的是严格控制烟囱的中心位置，保证其主体竖直。

1. 烟囱的定位、放线

1）烟囱的定位

烟囱的定位主要是定出基础中心的位置。定位方法如下：

（1）按设计要求，利用与施工场地已有控制点或建筑物的尺寸关系，在地面上测设出烟囱的中心位置 O（即中心桩）。

（2）如图 9-28 所示，在 O 点安置经纬仪，任选一点 A 作后视点，并在视线方向上定出 a 点，倒转望远镜，通过盘左、盘右分中投点法定出 b 和 B；然后，顺时针测设 $90°$，定出 d 和 D，倒转望远镜，定出 c 和 C，得到两条互相垂直的定位轴线 AB 和 CD。

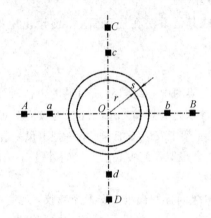

图 9-28 烟囱的定位、放线

（3）A、B、C、D 四点至 O 点的距离为烟囱高度的 $1\sim1.5$ 倍。a、b、c、d 是施工定位桩，用于修坡和确定基础中心，应设置在尽量靠近烟囱而不影响桩位稳固的地方。

2）烟囱的放线

以 O 点为圆心，以烟囱底部半径 r 加上基坑放坡宽度 s 为半径，在地面上用皮尺画圆，并撒出灰线，作为基础开挖的边线。

2. 烟囱的基础施工测量

（1）当基坑开挖接近设计标高时，在基坑内壁测设水平桩，作为检查基坑底标高和打垫层的依据。

（2）坑底夯实后，从定位桩拉两根细线，用垂球把烟囱中心投测到坑底，钉上木桩，作为垫层的中心控制点。

（3）浇灌混凝土基础时，应在基础中心埋设钢筋作为标志，根据定位轴线，用经纬仪把烟囱中心投测到标志上，并刻上"＋"字，作为施工过程中，控制筒身中心位置的依据。

3. 烟囱筒身施工测量

1）引测烟囱中心线

在烟囱施工中，应随时将中心点引测到施工的作业面上。

（1）在烟囱施工中，一般每砌一步架或每升模板一次，就应引测一次中心线，以检核该施工作业面的中心与基础中心是否在同一铅垂线上。其引测方法是：在施工作业面上固定一根枋子，在枋子中心处悬挂 $8\sim12$ kg 的垂球，逐渐移动枋子，直到垂球对准基础中心为止。此时，枋子中心就是该作业面的中心位置。

（2）另外，烟囱每砌筑完 10 m，必须用经纬仪引测一次中心线。其引测方法是：分别在

控制桩 A、B、C、D 上安置经纬仪，瞄准相应的控制点 a、b、c、d，将轴线点投测到作业面上，并作出标记。然后，按标记拉两条细绳，其交点即为烟囱的中心位置，并与垂球引测的中心位置比较，以作校核。烟囱的中心偏差一般不应超过砌筑高度的 1/1000。

（3）对于高大的钢筋混凝土烟囱，烟囱模板每滑升一次，就应采用激光铅垂仪进行一次烟囱的铅直定位，定位方法为：在烟囱底部的中心标志上，安置激光铅垂仪，在作业面中央安置接收靶。在接收靶上，显示的激光光斑中心，即为烟囱的中心位置。

（4）在检查中心线的同时，以引测的中心位置为圆心，以施工作业面上烟囱的设计半径为半径，用木尺画圆，如图 9-29 所示，以检查烟囱壁的位置。

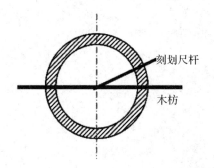

图 9-29　烟囱壁位置的检查

2）烟囱外筒壁收坡控制

烟囱筒壁的收坡，是用靠尺板来控制的。靠尺板的形状，如图 9-30 所示，靠尺板两侧的斜边应严格按设计的筒壁斜度制作。使用时，把斜边贴靠在筒体外壁上，若垂球线恰好通过下端缺口，说明筒壁的收坡符合设计要求。

图 9-30　烟囱壁收坡度的检查

3）烟囱筒体标高的控制

一般是先用水准仪，在烟囱底部的外壁上，测设出 +0.500 m（或任一整分米数）的标高线。以此标高线为准，用钢尺直接向上量取高度。

思考与练习

（1）建筑物主体倾斜观测的方法有哪些？

（2）建筑变形有哪些？

（3）建筑物的位移观测方法有哪些？

（4）高层楼房建筑物轴线竖向投测的方法有哪些？

（5）建筑物定位后，在开挖基槽前一般要把轴线延长到槽外安全地点，延长轴线的方法有哪些？

实训一　水准仪的使用

一、目的和要求

（1）了解 DS$_3$ 微倾式水准仪的基本构造，认识其主要部件的名称和作用。

（2）练习水准仪的正确安置、瞄准和读数。

（3）掌握用 DS$_3$ 微倾式水准仪测定地面上两点间高差的方法。

（4）建议实训课时为 2 学时，实训小组由 5～6 人组成。

二、任务

每人用仪高法观测与记录两点间的高差。

三、仪器工具

DS$_3$ 微倾式水准仪一台，水准尺一把，记录本一本，伞一把。

四、方法与操作步骤

1. 安置仪器

先将三脚架张开，使其高度适当，架头大致水平，并将架腿踩实，再开箱取出仪器，将其连接在三脚架上。

2. 认识仪器

要掌握准星和照门，目镜调焦螺旋，物镜调焦螺旋，水准管和圆水准器，制动、微动螺旋，微倾螺旋的名称和位置，了解其作用并熟悉其使用方法，同时还要掌握水准尺分划注记。

3. 粗略整平

先用双手同时向内（或向外）转动一对脚螺旋，使其水准器泡移动到中间，再转动另一只脚螺旋使圆气泡居中，通常要反复进行。注意气泡移动的方向与左手拇指或右手食指运动的方向一致。

4. 瞄准水准尺、精平与读数

1）瞄准

（1）甲立水准尺于地面点上，乙松开水准仪制动螺旋，转动仪器，用准星和照门粗略瞄准水准尺，固定制动螺旋，用微动螺旋使水准尺大致位于视场中央。

（2）转动目镜对光螺旋进行对光，使十字丝分划清晰，再转动物镜对光螺旋看清水准尺影像。

（3）转动水平微动螺旋，使十字纵丝靠近水准尺一侧，若存在视差，则应仔细进行物镜对光予以消除。

2）精平

转动微倾螺旋使符合水准器气泡两端的影像吻合（即成一弧状）。

3）读数

用中丝在水准尺上读取 4 位读数，即米、分米、厘米及毫米位。读数时应先估出毫米数，然后按米、分米、厘米及毫米，依次读出 4 位数。

5．测定地面两点间的高差

（1）在地面选定 A、B 两个较坚固的点。

（2）在 A、B 两点之间安置水准仪，使仪器至 A、B 两点的距离大致相等。

（3）将竖水准尺立于点 A。瞄准点 A 上的水准尺，精平后读数。此为后视读数，应记入记录表的后视读数栏。

（4）将另一水准尺立于点 B。瞄准点 B 上的水准尺，精平后读数。此为前视读数，应记入记录表的前视读数栏。

（5）计算 A、B 两点的高差：

$$h_{AB} = 后视读数 - 前视读数$$

（6）变动仪器高度（不小于 100 mm）再测一次高差。

五、限差要求

采用仪高法测得的相同两点间的高差之差不得超过 ±6 mm。

六、注意事项

（1）读取中丝读数前，一定要使水准管气泡居中，并消除视差。

（2）不能把上、下丝看成中丝读数。

（3）观测者读数后，记录者应回报一次，观测者无异议时，再记录并计算高差，一旦超限应及时重测。

（4）每人必须轮流担任观测、记录、立尺等工作，不得缺项。

（5）各螺旋转动时，用力应轻而均匀，不得强行转动，以免损坏。

七、记录格式

记录表　　　　　　　　　　　　　　　　（单位：mm）

仪器号码：		天气：		观测者：		
日　　期：		成像：		记录者：		
安置仪器次数	测　点	后　　视	前　　视	高　差		备　　注
第一次						
第二次						

八、思考与练习

(1) 识别下列部件并写出它们的功能。

① 准星和照门；

② 目镜调焦螺旋；

③ 物镜调焦螺旋；

④ 水准管和圆水准器；

⑤ 制动、微动螺旋；

⑥ 微倾螺旋；

⑦ 脚螺旋。

(2) 何谓视准轴？何谓视差？产生视差的原因是什么？应怎样消除视差？

(3) 水准仪上圆水准器和管水准器的作用有何不同？

(4) 水准管轴和圆水准器轴是如何定义的？何谓水准管分划值？

实训二   水 准 测 量

一、目的和要求

（1）掌握普通水准测量的观测、记录与计算方法。

（2）掌握水准测量校核方法和成果处理方法。

（3）建议实训课时为 2 学时，实训小组由 5~6 人组成；其中，1~2 人观测、1 人记录、2 人扶尺。

二、任务

在指定场地选定一条闭合或附合水准路线，其长度以安置 4~6 个测站为宜，采用变动仪器高法施测该水准路线。

三、仪器工具

DS_3 微倾式水准仪一台，水准尺两把，尺垫两个，记录板一块，测伞一把，木桩四个，铁锤一柄，2H 铅笔（自备）。

四、方法与操作步骤

（1）选定一条闭合水准路线，将各待求高程点用木桩标定。

（2）安置仪器于距起点一定距离的测站 I，粗平仪器，一人将尺立于起点（即后视点），另一人在路线前进方向的适当位置选定一点（即前视点 1），设立木桩或稳定标志，将尺立于其上。

（3）瞄准后视尺，精平、读数 a_1，记入表格中，转动仪器瞄准前视尺，精平、读数 b_1，记入表格中，计算高差 $h_1 = a_1 - b_1$；变动仪器高度（不小于 100 mm）再测得一次高差。如果两次高差之差不超过 ±6 mm，则可计算高差的平均值。

（4）将仪器搬到 II 站，第一站的前视尺变为第二站后视尺，起点的后视尺移至前进方向的 2 点，为第二站的前视尺，重复第（3）步操作。

（5）同法继续测量，经过各待求点，最后闭合回到起点，构成一闭合圈，或附合到另一已知高程点，构成一附合水准路线。

五、限差要求

（1）视线长≤100 m，前后视较差≤10 m。

（2）高差闭合差 $f_h \leqslant f_{h容}$。其中，$f_{h容} = \pm 12\sqrt{n}$ mm（n 为测站数）；或 $f_{h容} = \pm 40\sqrt{L}$ mm（L 为路线长度，单位 km）。

（3）当 $f_h > f_{h容}$ 时，成果超限，应重测。

（4）当 $f_h \leqslant f_{h容}$ 时，应将 f_h 进行调整，求出待定点高程。

六、注意事项

（1）起点和待测高程点上不能放尺垫，转点上要求放尺垫。

（2）读完后视读数后仪器不能搬动，读完前视读数后尺垫不能移动。

（3）同一测站，圆水准器只能整平一次。

（4）读数时，注意消除视差，水准尺不得倾斜。

（5）要做到边测边记边计算边检核。

七、记录与计算表

（见普通水准测量手簿）

八、思考与练习

（1）为什么在水准测量中要求前、后视距离相等？

（2）什么是视差？产生视差的原因是什么？

（3）计算并调整表中闭合水准路线的闭合差，求出路线中各点的高程。

普通水准测量手簿

日期_____　　　　天气_____　　　　测量_____　　　　记录_____

测站	测点	后视读数/m	前视读数/m	高差/m		高程/m	备注
				+	−		
	Σ						
计算校核							

实训三　微倾式水准仪的检验与校正

一、目的和要求

（1）了解 DS₃ 微倾式水准仪的主要轴线及它们之间应满足的几何条件。

（2）掌握水准仪的检验与校正的方法。

（3）建议实训课时为 2 学时，实训小组由 5～6 人组成。

二、任务

对 DS₃ 微倾式水准仪进行一般性检验、圆水准器轴平行于仪器竖轴的检验与校正、十字丝横丝（中丝）垂直于仪器竖轴的检验与校正、水准管轴平行于视准轴的检验与校正。

三、仪器工具

DS₃ 微倾式水准仪一台，水准尺两把，皮尺两根，尺垫（或木桩）两个，记录板一块，测伞一把，铁锤一柄。

四、操作步骤

1．一般性检验

检查三脚架是否稳固，安置仪器后检查制动螺旋、微动螺旋、对光螺旋、脚螺旋转动是否灵活，是否有效，结果记录在实训报告中。

2．圆水准器轴平行于仪器竖轴的检验与校正

检验：转动脚螺旋，使圆水准器气泡居中，将仪器绕竖轴旋转 180°，若气泡仍居中，说明圆水准器轴平行于仪器竖轴，否则需要校正。

校正：用改锥拧松圆水准器底部中央的固定螺丝，再用校正针拨动圆水准器底部的三个校正螺丝，使气泡返回偏移量的一半，然后转动脚螺旋使气泡居中。重复以上步骤，直到圆水准器的气泡在任何位置都在刻划圆圈内为止，最后拧紧固定螺丝。

3．十字丝横丝（中丝）垂直于仪器竖轴的检验与校正

检验：用十字丝横丝一端瞄准固定的点状目标，转动微动螺旋，使其移至横丝另一端。若目标点始终在横丝上移动，说明横丝垂直于仪器竖轴，否则需要校正。

校正：旋下十字丝分划板护罩，用小改锥松开十字丝分划板的固定螺丝，微微转动十字丝分划板，使十字丝横丝端点至点状目标的间隔减小一半，再反转到起始端点。重复上述步骤，直到无显著误差为止。最后将固定螺丝拧紧。

4. 水准管轴平行于视准轴的检验与校正

检验：在地面上选 A、B 两点，相距 $60\sim80$ m，各点钉木桩（或放置尺垫）立水准尺。安置水准仪于距 A、B 两点等距离处，准确测出 A、B 两点高差 h_{AB}。再在 A 点附近 $2\sim3$ m 处安置水准仪，分别读取 A、B 两点的水准尺读数 a_2、b_2，应用公式 $b_2=a_2+h_{AB}$，求得 B 尺上的水平视线读数。若 $b_2'=b_2$ 则说明水准管轴平行于视准轴，若 $b_2'\neq b_2$，应计算 i 角，当 $i>20''$ 时需要校正。i 的计算公式为：$i=|b_2-b_2'|\times\rho''/D_{AB}$，式中 D_{AB} 为 A、B 两点间距离，$\rho''=206\,265$。

校正：转动微倾螺旋，使横丝对准正确读数 b_2'，这时水准管气泡偏离中央，用校正针拨动水准管一端的上下两个校正螺丝，使气泡居中。再重复以上检验与校正的步骤，直到 $i\leqslant20''$ 为止。

五、注意事项

（1）按照实训步骤进行检验，确认检验无误后才能进行校正。

（2）转动校正螺丝时，应先松后紧，松紧适当。校正完毕后，校正螺丝应稍紧，固定螺丝应拧紧。

六、报告书与计算表

1. DS₃ 微倾式水准仪的检验与校正实训报告

DS₃ 微倾式水准仪的检验与校正实训报告应包含以下内容。

（1）一般性检验记录。

一般性检验记录的检验项目包括：三脚架是否牢固、脚螺旋是否有效、制动与微动螺旋是否有效、微倾螺旋是否有效、对光螺旋是否有效、望远镜成像是否清晰等。

（2）圆水准器轴平行于仪器竖轴的检验与校正记录。

（3）十字丝横丝垂直于仪器竖轴的检验与校正记录。

（4）水准管轴平行于视准轴的检验与校正记录。

2. 计算表

（见检验与校正的数据记录计算表）

七、思考与练习

（1）微倾式水准仪有哪几条主要轴线？它们应满足的几何条件是什么？

（2）水准仪检验的内容包括哪些？各项检验的方法是什么？校正的方法是什么？

检验与校正的数据记录计算表

观测者：		天气：				
记录者：		时间：			仪器型号：	

仪器置中点求出 真高差($h_真$) (h_i 误差≤3 mm)	A/m					平均值($h_真$)
	B/m					
	高差 h/m					

检 校 次 数			第一次	第二次	第三次
检 验	仪 器 B 点 附 近	B(近尺点)读值/m			
		$h_真$/m			
		$h_应$(远尺应读值)/m			
		$A_实$(远尺实读值)/m			
		$\|A_实 - A_应\|$/mm	□≤3(结束检校) □>3(转入校正)	□≤3 □>3	□≤3 □>3
校　正		第一步	调微倾螺丝使远尺值为 $A_应$		
		第二步	用校正针拨水准管校正螺丝使气泡居中		
		第三步	转入检验，务必在 B 点附近重新安置仪器进行再次检验		

实训四　经纬仪的使用与测回法测水平角

一、目的和要求

（1）了解 DJ_6 光学经纬仪的基本构造，各部件的名称和作用。

（2）掌握经纬仪对中、整平、瞄准和读数等基本操作要领。

（3）掌握测回法观测水平角的观测顺序、记录和计算方法。

（4）要求对中误差小于 3 mm，整平误差小于一格。

（5）注意用测回法对同一角度观测一测回，其上、下半测回角值之差不得超过 $\pm40''$，各测回角值互差不得大于 $\pm24''$。

（6）建议实训课时为 2 学时，实训小组由 5～6 人组成。

二、任务

每人至少安置一次经纬仪，用盘左、盘右分别瞄准两个目标，读取水平盘读数；另外每小组用测回法观测一个水平角。

三、仪器工具

DJ_6 光学经纬仪一台，记录板一块。木桩一个，花杆两根，斧一把，伞一把。

四、操作步骤与测回法

1. 操作步骤

各组在指定场地选定测站点并设置点位标记。

1）安置

（1）在地面打一木桩，桩顶钉一小钉或划十字作为测站点。

（2）松开三脚架，安置于测站点上。高度适中，架头大致水平。挂上垂球，移动三脚架，使垂球尖大致对准测站点，踩紧三脚架。

（3）打开仪器箱，双手握住仪器支架，将仪器取出置于架头上，一手握支架，一手拧紧连接螺栓。

2）对中、整平

方法一

对中：稍松开连接螺栓，两手扶基座，在架头上平移仪器，从光学对中器中观察，直到测站点移至光学对中器的刻画圈内为止（对中误差小于 3 mm），再拧紧连接螺栓，若误差过大，可重新移动三脚架，直到符合要求为止。

整平：转动照准部，使水准管平行于任意一对脚螺旋，相对旋转这对脚螺旋，使水准管气泡居中；将照准部绕竖轴转动 90°，旋转第三只脚螺旋，仍使气泡居中，再旋转 90°，检查气泡误差，直到小于分划线的一格为止。脚螺旋整平会影响到仪器的对中，因此要检查对中的结果，如果测站点发生了偏离，则重复以上的对中、整平的步骤。直到对中、整平误差都符合要求为止。

方法二

对中：观察光学对中器，同时转动脚螺旋，使测站点移至刻画圈内（对中误差小于 3 mm），至符合要求为止。

整平：转动照准部，使水准管平行于三脚架的其中一只脚架 1，察水准管气泡的位置，通过脚架 1 的伸缩，使气泡尽量居中，转动照准部，依次使水准管平行于脚架 2、脚架 3，同样通过脚架的伸缩，使水准管气泡在相应位置上尽可能的居中。然后再通过脚螺旋整平经纬仪，步骤同方法一。直到整平的误差符合要求为止。

整平结束后，检查对中结果，此方法对对中的影响不大，一般可一次完成对中整平

3）瞄准

用望远镜上的瞄准器瞄准目标，旋紧望远镜和照准部的制动螺旋，转动目镜对光螺旋，使十字丝清晰；再转动物镜对光螺旋使目标影像清晰；转动望远镜和照准部微动螺旋，使目标被单根竖丝平分，或将目标夹在双根竖丝中央。

4）读数

打开反光镜，调节反光镜使读数窗亮度适当，旋转读数显微镜的目镜，看清读数窗分划，根据使用的仪器用测微尺或分微尺读数，并记录。

2. 测回法观测水平角

（1）选定两个固定点的位置，并用花杆标定出来。

（2）第一测回观测：

① 盘左，瞄准左边目标，将水平度盘配置稍大于 0°，读取读数 $a_{左}$，顺时针转动照准部，再瞄准右边目标，读取读数 $b_{左}$。则上半测回角值为 $\beta_{左} = b_{左} - a_{左}$。

② 盘右，先瞄准右边目标，并读取读数 $b_{右}$，逆时针转动照准部，再瞄准左边目标，读取数 $a_{右}$，则下半测回角值为 $\beta_{右} = b_{右} - a_{右}$。

当 $|\beta_{右} - \beta_{左}| \leqslant 40''$ 时，取其平均值作为第一测回角值。

（3）第二测回观测：方法同第一测回观测，不同的是第二测回盘左时起始方向的读数应配置在略大于 90°，要求两次测回角值互差不得大于 ±24″。

（4）计算。当两次测回角值互差不大于 ±24″ 时，取第一测回角值与第二测回角值平均值作为该水平角角值。

五、注意事项

（1）使用各螺旋时，用力应轻而均匀。

（2）经纬仪从箱中取出后，应立即用中心连接螺旋连接在脚架上，并做到连接牢固。

（3）各项练习均要认真仔细完成，并能熟练操作。

（4）瞄准目标时尽可能地瞄准目标底部。

六、记录格式

测回法观测手簿

测站	竖盘位置	目标	水平度盘读数	半测回读数	一测回角值	各测回平均角值	备注
	左						
	右						
	左						
	右						
	左						
	右						
	左						
	右						

七、思考与练习

（1）识别下列部件并写出它们的功能。

① 水平微动螺旋；

② 水平制动螺旋；

③ 望远镜微动螺旋；

④ 望远镜制动螺旋；

⑤ 竖盘指标水准管；

⑥ 竖盘指标水准管微动螺旋；

⑦ 照准部水准管；

⑧ 度盘变换器。

（2）经纬仪对中整平的方法有哪几种？应如何操作？

（3）经纬仪的整平方法与水准仪的整平方法有什么不同？

（4）J级光学经纬仪的读数设备有几种？应如何读数？

实训五　全圆观测法测水平角与竖直角观测

一、目的和要求

(1) 掌握 DJ$_6$ 经纬仪与 DJ$_2$ 经纬仪的操作方法及水平度盘读数的配置方法。

(2) 掌握全圆方向观测法观测水平角的观测顺序、记录和计算方法。

(3) 掌握竖直角观测、记录及计算的方法。

(4) 掌握竖盘指标差的计算方法。

(5) 全圆方向法限差：半测回归零差不得超过 $\pm18''$；各测回方向值之差不得超过 $\pm24''$。

(6) 竖直角观测限差：同一目标各测回垂直角互差在 $\pm25''$ 之内。

(7) 建议实训课时为 2 学时，实训小组由 5～6 人组成。

二、任务

在指定场地内视野开阔的地方，选择四个固定点，构成一闭合多边形，分别观测多边形各内角的大小；一般选择 3 个以上目标，以便进行竖直角观测。

三、仪器工具

DJ$_6$ 经纬仪或 DJ$_2$ 经纬仪一台，木桩一个，铁锤一柄，花杆四根，记录本一本，斧一把，伞一把。

四、方法与操作步骤

1. 全圆方向观测法观测水平角

(1) 选定四个固定点的位置，并用花杆标定出来。

(2) 选定一测站点的位置，并用木桩标定出来。

(3) 在某测站点上安置仪器，对中整平后，按下述步骤观测：

① 盘左，瞄准左边目标 A，并使水平度盘读数略大于零，读数并记录；顺时针转动照准部，依次瞄准 A、B、C、D、A，分别读取水平度盘读数并记录，检查归零差是否超限。

② 盘右，逆时针依次瞄准 A、B、C、D、A，读数并记录，检查归零差是否超限。

③ 计算：

$$2C = 盘左读数 - (盘右读数 \pm 180°)$$

$$各方向的平均读数 = [盘左读数 + (盘右读数 \pm 180°)]/2$$

式中：C 为照准误差。

将各方向的平均读数减去起始方向的平均读数，即得各方向的归零方向值。

第二测回观测时，起始方向的度盘读数安置于 $90°$ 附近，同法观测。各测回同一方向值的互差不超过±24″，取同一方向值的平均值，作为该方向的结果。

2. 竖直角观测

（1）在某指定点上安置经纬仪。

（2）盘左位置照准目标，读取竖盘的读数 $L_{读}$。记录者将读数值 $L_{读}$ 记入竖直角测量记录表中。

（3）根据确定的竖直角计算公式，在记录表中计算出盘左时的竖直角 $\alpha_{左}$。

（4）再用盘右的位置照准目标，并读取其竖直度盘的读数 $R_{读}$。记录者将读数值 $R_{读}$ 记入竖直角测量记录表中。

（5）根据所定竖直角计算公式，在记录表中计算出盘右时的竖直角 $\alpha_{右}$。

（6）计算一测回竖直角值和竖盘指标差。

五、注意事项

（1）水平角观测瞄准目标时，尽可能瞄准目标底部，以减少目标倾斜引起的误差。

（2）在同一测回观测时，切勿碰动水平度盘变换手轮，以免发生错误。

（3）水平角观测的过程中若发现气泡偏移超过两格，则应重新整平，重测该测回。

（4）水平角观测限差：多边形角度闭合差$\leqslant\pm60''\sqrt{n}$，若成果超限，则应及时重测。

（5）竖直角观测的过程中，对同一目标应用十字丝中横丝切准同一部位。每次读数前应使指标水准管气泡居中。

（6）整个观测过程中，动手要轻而稳，不能用手压扶仪器。

六、记录格式

全圆方向观测法测水平角记录表

日期： 时间：		仪器型号： 天　气：			观测者： 记录者：			

测站	测回数	目标	水平度盘读数		2C	平均读数	归零方向值	各测回平均归零方向值	备注
			盘左	盘右					
	1	A							
		B							
		C							
		D							
		A							
	2	A							
		B							
		C							
		D							
		A							

竖直角观测记录表

测点	目标	竖盘位置	竖盘读数	半测回竖直角	指标差	一测回竖直角
		左				
		右				
		左				
		右				
		左				
		右				

日期：　　　　　　仪器型号：　　　　　　观测者：
时间：　　　　　　天　气：　　　　　　记录者：

七、思考与练习

（1）什么是水平角？经纬仪为什么能测出水平角？

（2）如何使用 DJ_6 光学经纬仪的两种读数装置进行读数？

（3）在观测水平角和竖直角时，采用盘左、盘右观测，可以消除哪些因素对测角的影响？

（4）什么是竖直角？经纬仪为什么能测出竖直角？

（5）什么是竖盘指标差？应怎样确定竖盘指标差？

实训六　距离测量和直线定向

一、目的和要求

（1）掌握钢尺的正确使用。

（2）掌握钢尺量距的一般方法与成果计算。

（3）了解森林罗盘仪的构造，熟悉森林罗盘仪的使用并进行直线定向。

（4）限差要求：平坦地区，钢尺量距的相对误差不大于 1/3000；量距困难地区，钢尺量距的相对误差不大于 1/1000。

（5）建议实训课时为 2 学时，实训小组由 5～6 人组成。

二、任务

在校园内平坦的地面上，完成一段长约 80～90 m 的直线的往返丈量任务，并用经纬仪进行直线定线，用森林罗盘仪完成 2～3 个方向的直线定向。

三、仪器工具

30 m 或 50 m 钢尺一根，花杆三、四根，测钎一束，木桩三个，斧头一把，记录板一块。

四、方法与操作步骤

1. 钢尺量距的一般方法

丈量前，先清除直线上的障碍物。然后，一般由两人在两点间边定线边丈量，具体做法如下：

（1）量距时，先在 A、B 两点上竖立花杆（或测钎），标定直线方向。然后，后尺手持钢尺的零端位于 A 点的后面，前尺手持尺的末端并携带一束测钎，沿 AB 方向前进，至一尺段处时停止。

（2）后尺手以手势指挥前尺手将测钎插在 AB 方向上；后尺手以尺的零点对准 A 点，两人同时将钢尺拉紧、拉平、拉稳后，前尺手喊"预备"，后尺手将钢尺零点准确对准 A 点，并喊"好"，前尺手随即将测钎对准钢尺末端刻划竖直插入地面，得 1 点。这样便完成了第一尺段 A_1 的丈量工作。

（3）接着后尺手与前尺手共同持尺前进，后尺手走到 1 点时，即喊"停"。再用同样方法量出第二尺段 1—2 的丈量工作。然后后尺手拔起 1 点上的测钎，与前尺手共同持尺前进，丈量第三段。如此继续丈量下去，直到最后不足一整尺段 n—B 时，后尺手将钢尺零点对准

n 点测钎，由前尺手读 B 端点余尺读数，此读数即为零尺段长度 l'。这样就完成了由 A 点到 B 点的往测工作。从而得到直线 AB 水平距离的往测结果为

$$D_{往} = nl + l'$$

式中：n 为整尺段数（即 A、B 两点之间所拔测钎数）；l 为钢尺长度；l' 为不足一整尺的零尺段长度。

为了校核和提高精度，一般还应由 B 点量至 A 点进行返测。最后，以往、返两次丈量结果的平均值作为直线 AB 最终的水平距离。将往、返丈量距离差 ΔD 的绝对值与距离平均值 D 之比，化为分子为 1 的分数，并称为相对误差 K；以 K 作为衡量距离丈量的精度，即

AB 距离：$D_{平均} = \dfrac{1}{2}(D_{往} + D_{返})$

相对误差：$K = \dfrac{|D_{往} - D_{返}|}{D_{平均}} = \dfrac{|\Delta D|}{D_{平均}} = \dfrac{1}{\dfrac{D_{平均}}{|\Delta D|}}$

相对误差分母愈大，则 K 值愈小，精度愈高；反之，精度愈低。量距精度取决于使用的要求和地面起伏情况，在平坦地区，钢尺量距一般方法的相对误差一般不应大于 1/3000；在量距较困难的地区，其相对误差也不应大于 1/1000。

2. 直线定向

（1）安置罗盘仪于直线的一个端点，进行对中、整平。

（2）用望远镜瞄准直线另一端点的花杆。

（3）松开磁针制动螺旋，将磁针放下，待磁针静止后，磁针在刻度盘上所指的读数即为该直线的磁方位角。读数时度盘的 0° 刻划在望远镜的物镜一端，故应按磁针北端读数；若在目镜一端，则应按磁针南端读数。

五、注意事项

（1）钢尺量距的原理简单，但在操作上容易出错，要做到三清：① 零点看清——尺子零点不一定在尺端，有些尺子零点前还有一段分划，必须看清；② 读数认清——尺上读数要认清 m、dm、cm 的注字和 mm 的分划数；③ 尺段记清——尺段较多时，容易发生少记一个尺段的错误。

（2）钢尺容易损坏，为维护钢尺，应做到四不：不扭，不折，不压，不拖。用毕要擦净、涂油后才可卷入尺壳内。

（3）前、后尺手动作要配合好，定线要直，尺身要水平，尺子要拉紧，用力要均匀，待尺子稳定时再读数或插测钎。

（4）用测钎标志点位，测钎要竖直插下，前、后尺所量测钎的部位应一致。

（5）读数要细心，要防止错把 9 读成 6 或将 21.041 读成 21.014 等。

（6）记录应清楚，记好后及时回读，互相校核。

（7）量具越过公路时，不允许往来车辆碾压，以免损坏。

六、记录格式

钢尺量距的一般方法记录与计算表

日期：　　　　　　　　仪器型号：　　　　　　　观测者： 时间：　　　　　　　　天　　气：　　　　　　记录者：								
测量起止点	测量方向	整尺长/m	整尺数	余长/m	水平距离/m	往返测较差/m	平均距离/m	精度
A—B	往测							
	返测							
辅助计算备注								

七、思考与练习

(1) 在钢尺量距前，为什么要进行直线定线？应如何进行定线？

(2) 钢尺量距的基本要求是什么？钢尺量距有哪些误差来源？

(3) 钢尺量距的一般方法的限差要求是多少？

实训七　闭合导线外业测量

一、目的与要求

(1) 掌握闭合导线的布设方法。

(2) 掌握闭合导线的外业观测方法。

(3) 测量限差：半测回的较差不大于 $20''$，导线方位角闭合差不大于 $\pm 60''\sqrt{n}$；钢尺量距的相对误差不大于 1/3000；导线全长相对闭合差 K 不大于 1/2000。

(4) 建议实训课时为 2 学时，实训小组由 6～8 人组成。

二、任务

在校园内每组选择一地势较平坦视野开阔的场地布置 4～5 个点构成一闭合导线，然后进行距离测量和导线转折角的测量等外业观测，用森林罗盘仪测定起始边的磁方位角。

三、仪器工具

DJ_6 经纬仪或 DJ_2 经纬仪一台，钢卷尺一卷，水准尺一根，记录板一块，斧头一把，木桩四、五根，小钉数个，测钎数个。

四、方法与操作步骤

1. 踏勘选点及建立标志

进行实地踏勘，选择合适的导线点，确定导线点位置后，在地上打入木桩，桩顶钉一小钉作为临时性标志；在碎石或沥青路面上，可用顶上凿有十字纹的铁钉代替木桩；在混凝土地面上，可用钢凿凿一十字纹，再用红油漆使标志明显。布置一条四边形或五边形的闭合水准路线，导线点按逆时针方向编号并绘制草图。

2. 量边

导线边长用钢尺量距的一般方法测定，采用往返测的方法，取往返丈量的平均值作为成果，并要求其相对误差不大于 1/3000。

3. 测角

导线的转折角的测量用测回法观测，测角时，为了便于瞄准，可在已埋设的标志上用三根竹竿吊一个大垂球，或用测钎、觇牌作为照准标志。

4. 读数

假定起始点的坐标为(1000,1000)，起始边的坐标方位角用罗盘仪测。将罗盘仪安置

在 A 点，进行整平和对中，瞄准 B 点的小目标架后，放松磁针制动螺旋，待磁针静止后，读出磁针北端在刻度盘上所标的读数，即为直线 AB 的磁方位角。

五、注意事项

(1) 相邻点间通视良好，地势较平坦，便于测角和量距。

(2) 点位应选在土质坚实处，便于保存标志和安置仪器。

(3) 视野开阔，便于测图和放样。

(4) 导线各边长度应大致相等，除特殊条件外，导线边长一般在 $50\sim350$ m 之间。

(5) 导线点应有足够密度，分布较均匀，便于控制整个测区。

(6) 测角时应用盘左、盘右位观测，且半测回的较差不得大于 $20''$。

(7) 使用罗盘仪时，用完后务必把磁针托起，以免磁针脱落。

(8) 钢尺切勿扭折或在地上拖拉；用后要用油布擦净，然后卷入盒中。

(9) 闭合导线的外业观测完成后，要做好闭合导线测量的内业计算。

六、记录格式

导线测量外业记录表

日　期：_____　　　天　气：_____　　　仪器型号：_____　　　组　号：_____

观测者：_____　　　记录者：_____　　　参加者：_____

测点	盘位	目标	水平度盘读数	水平角		示意图及边长
				半测回值	一测回值	
						边长名：_____ 第一次 = _____ m 第二次 = _____ m 平　均 = _____ m
						边长名：_____ 第一次 = _____ m 第二次 = _____ m 平　均 = _____ m
						边长名：_____ 第一次 = _____ m 第二次 = _____ m 平　均 = _____ m
						边长名：_____ 第一次 = _____ m 第二次 = _____ m 平　均 = _____ m
校核		内角和闭合差 $f=$				

七、思考与练习

(1) 在测闭合导线时，角度在一个测绘要被重复测量几次？

(2) 闭合导线的限差有哪些，各限差的要求是多少？

实训八　碎部测量

一、目的和要求

(1) 了解经纬仪测绘法测绘地形图的方法和步骤。

(2) 能合理选定地物、地貌的特征点。

(3) 练习用地形图图式和等高线表示地物、地貌。测图比例尺为 1：500，等高距为 1 m。

(4) 建议实训课时为 2 学时，实训小组由 5～6 人组成，分别进行观测、记录、绘图和立尺。

二、任务

在校园内一比较平坦地段选一直线，在直线的两个端点上安置仪器进行测图。

三、仪器工具

DJ$_6$ 经纬仪或 DJ$_2$ 经纬仪一台，小平板一块，绘图纸一张，水准尺一根，花杆一根，皮尺一卷，比例尺一幅，量角器一个，计算器一个，记录板一块，地形图图式表一张，小三角板一块，小针一根。

四、方法与操作步骤

(1) 以控制点 A 为测站点安置经纬仪，盘左置水平度盘读数为 0°00′，瞄准另一控制点 B 为起始方向，量取仪器高 I（精度至厘米），随即将测站名称、仪器高记入碎部测量手簿。

(2) 在图纸上展出测站点 a 和起始方向 b，连接 a、b 为起始方向线，并用小针将量角器的圆心角固定在测站点 a。展绘直线两端点 a、b 时，应在图板适当位置画一直线，先定一端点 a；然后将地面的直线按测图比例尺缩小的长度，在图板上以 a 为起点，定出 b 点。

(3) 将视距尺立于选定的各碎部点上，用经纬仪瞄准水准尺，读取下丝、上丝、中丝数值，竖盘读数和水平角读数，将各观测值依次记入表格。

(4) 计算视距、竖直角、高差、水平距离和碎部点高程。

(5) 将计算的各碎部点数据，依水平角、水平距离，用量角器按比例尺展绘在图板上，并注出各点高程，描绘地物。

五、注意事项

(1) 读取竖直角时，指标水准管气泡要居中，水准尺要立直。

(2) 每测约 20 个点，要重新瞄准起始方向，以检查水平度盘是否变动。

六、记录格式

碎部测量手簿

测站：　　　　仪器高：　　　　　指标差：　　　　　测站高：

点号	尺间隔 l/m	中丝读数 $/m$	竖盘读数 L	竖直角 α	初算高差 h'/m	改正数 $(i-v)/m$	改正之后高差 h/m	水平角 β	水平距离 $/m$	高程 $/m$	点号	备注

七、思考与练习

（1）测图前应做好哪些准备工作？

（2）平板仪的安置包括哪几项工作？

（3）何谓地物及地貌特征点？它们在测图中有何作用？

（4）经纬仪测图法与小平板加经纬仪联合测图法有哪些异同点？

实训九　测设点的平面位置和高程

一、目的与要求

(1) 练习用一般方法测设水平角、水平距离和高程，以确定点的平面和高程位置。

(2) 测设限差：水平角不大于 $40''$，水平距离的相对误差不大于 1/5000，高程不大于 10 mm。

(3) 建议实训课时为 2 学时，实训小组由 4~5 人组成。

二、任务

在校园内布置场地。每组选择间距为 30 m 的 A、B 两点，在点位上打木桩，桩上钉小钉，以 A、B 两点的连线为测设角度的已知方向线，在其附近再布置一个临时水准点，作为测设高程的已知数据。

三、仪器工具

DJ_6 经纬仪或 DJ_2 经纬仪一台，DS_3 水准仪一台，钢卷尺一卷，水准尺一把，记录板一块，斧头一把，木桩两个，小钉、测钎数个。

四、方法与操作步骤

(1) 测设水平角和水平距离，以确定点的平面位置(极坐标法)。设欲测设的水平角为 β，水平距离为 D。在 A 点安置经纬仪，盘左置水平度盘为 $0°00'00''$，照准 B 点，然后转动照准部，使度盘读数为准确的 β 角；在此视线方向上，以 A 点为起点用钢卷尺量取预定的水平距离 D(在一个尺段以内)，定出一点为 P_1。盘右，同样测设水平角 β 和水平距离，再定一点为 P_2；若 P_1、P_2 不重合，取其中点 P，并在点位上打木桩、钉小钉标出其位置，即为按规定角度和距离测设的点位。最后以点位 P 为准，检核所测角度和距离，若与规定的 β 和 D 之差在限差内，则符合要求。测设数据：假设控制边 AB 起点 A 的坐标为 $X_A=56.56$ m，$Y_A=70.65$ m，控制边方位角 $\alpha_{AB}=90°$。已知建筑物轴线上点 P_1、P_2 的设计坐标为：$X_1=71.56$ m，$Y_1=70.65$ m；$X_2=71.56$ m，$Y_2=85.65$ m。

(2) 测设高程。设上述 P 点的设计高程 H_p，后视读数为 a，已知水准点的高程为 $H_水$，则视线高程为 $H_i=H_水+a$；同时计算 P 点的尺上读数 $b=H_i-H_p$，即可在 P 点木桩上立尺进行前视读数的确定。在 P 点上立尺时标尺要紧贴木桩侧面，水准仪瞄准标尺时要使其贴着木桩上下移动，当尺上读数正好等于 b 时，则沿尺底在木桩上画横线，即为设计高程的位置。先设计高程位置和进行水准点立尺，再前后视观测，以作检核。测设数据：假设点

1 和点 2 的设计高程为 $H_1 = 50.000$ m，$H_2 = 50.100$ m。

五、注意事项

(1) 测设完毕要进行检测，测设误差超限时应重测，并做好记录。

(2) 实训结束后，每人上交"点的平面位置测设"和"高程的测设"记录表一份。

六、记录格式

测设点坐标记录表

日期	班组	姓名

一、极坐标法测设数据计算

$\tan\alpha_{A1} = $ _____　　　　$\alpha_{A1} = $ _____

$\tan\alpha_{A2} = $ _____　　　　$\alpha_{A2} = $ _____

$d_{A1} = $ _____　　　　$d_{A2} = $ _____

$\beta_1 = \alpha_{AB} - \alpha_{A1}$ _____　　$\beta_2 = \alpha_{AB} - \alpha_{A2}$ _____

测设后经检查，点 1 与点 2 的距离：

$$d_{12} = $$ _____

与已知值 15.000 m 相差：

$$\Delta d = $$ _____

二、高程放样数据计算

控制点 A 的高程 H_A，可结合放样场地情况，自己假设 $H_A = $ _____

计算前视尺读数：

$$b_1 = H_A + a_1 - H_1 = $$ _____

$$b_2 = H_A + a_2 - H_2 = $$ _____

设后经检查，1 点和 2 点高差：

$$h_{12} = $$ _____

七、思考与练习

(1) 什么是测设？测设的基本工作有哪些？它们与量距、测角、测高差有何区别？

(2) 角度测设的方法有哪些？应如何操作？

实训十　建筑物轴线施工放样

一、目的和要求

(1) 掌握施工测量的放样数据的计算方法。

(2) 掌握使用经纬仪进行角度和距离测设的操作方法和检查。

(3) 建议实训课时为 2 学时，实训小组由 5～6 人组成。

二、任务

在校园内一平坦开阔的地方布置场地。每组根据实训指导教师提供的土建工程设计文件资料，自拟实训方案，写出可行性实训报告交指导教师审核，经审核通过后，在实训教师指导下，根据已知点的坐标数值在野外完成现场测设实训，即一假定建筑物轴线施工放样。

三、仪器工具

DJ$_6$ 经纬仪或 DJ$_2$ 光学经纬仪一台，花杆一根，测钎一根，钢卷尺一卷，粉笔若干。

四、方法与操作步骤

(1) 各组在一平坦开阔的场地上选择相距为 40～50 m 的两点 A、B_1，假定 AB_1 的方向与坐标横轴相同，在 AB_1 上从 A 点起量取一段线段长 $AB=28.500$ m，确定 B 点，假设以 AB 为控制点测设某建筑物的轴线交点 C、D、E、F，已知 $DE=CF=8.400$ m，并且 A、B、C、D 点的坐标已知：控制点 A(106.400，260.130)、B(106.400，288.630)；轴线交点 C(118.60，267.230)、D(121.60，287.330)。

说明：A、B、C、D 点的坐标也可另设。

(2) 放样数据的计算：在 A 点设测站，使用极坐标法放样，设 C 点的放样数据为 d_1 和 α；同理在 B 点设站放样，设 D 点的放样数据为 d_2 和 β，则

$$d_1=\sqrt{(x_C-x_A)^2+(y_C-y_A)^2}=\sqrt{(118.600-106.400)^2+(267.230-260.130)^2}\approx14.116 \text{ m}$$

$$\alpha=\alpha_{AB}-\alpha_{AC}=90°-\arctan\frac{267.230-260.130}{118.600-106.400}\approx59°48'07''$$

$$d_2=\sqrt{(x_D-x_B)+(y_D-y_B)^2}=\sqrt{(121.600-106.400)^2+(287.330-288.630)^2}\approx15.255 \text{ m}$$

$$\beta=\alpha_{BD}-\alpha_{BA}=\arctan\frac{287.330-288.630}{121.600-106.400}-270°\approx85°06'42''$$

坐标反算计算时应注意的是由 $\arctan\dfrac{\Delta y}{\Delta x}$ 计算出的角度（在 $-90°\sim90°$ 之间），不一定是

我们所求的方位角（0°～360°之间），应根据 Δy 和 Δx 的符号，判断其所处的象限，从而推算出方位角 α。

（3）轴线放样：

① 在 A 点安置经纬仪，盘左位瞄准 B 点，将水平度盘读数配置为测设角度 α，逆时针转动照准部，当水平度盘读数为 0°时制动照准部，转动测微轮先将不足整 10′的分数和秒数配为 0′0″，转动水平微动螺旋使水平度盘读数为 0°0′0″，在此方向上沿视线方向用钢尺采用往返测的方法量平距 d_1 在地面上定出 C' 点，同理用盘右位测设角度 α 和平距 d_1 在地面上定出 C'' 点，取 C' 和 C'' 的中点 C 即为轴线点 C 的测设位置。

② 在 B 点设测站，同法测设出 D 点。不同之处是测设角度 β 时，应先瞄准 A 点，水平度盘配置为 0°0′0″，再顺时针转到 β 角时即为测设方向。

③ 用钢尺往返丈量 CD，丈量值与设计值的相对误差应小于 1/3000。若不满足精度要求，则应重新测量。

④ 在 C 点设测站，测设直角，在直角方向上向上测设距离 $CF＝8.400$ m，得到 F 点（正倒镜分中往返），用钢尺量 DF，其值与设计值相对误差应小于 1/3000，检核记录计算填入放样数据计算表。

⑤ 在 D 点设测站，按照④中相同的方法测设并检查 E 点，用钢尺量得的 EF 值与设计值相对误差应小于 1/3000，检核记录计算填入放样数据计算表。

五、注意事项

（1）放样数据的计算过程要理解，并检查一下是否有错，方可放样。放样过程中，每一步均需检核。未经检核，不得进行下一步操作。

（2）测设角度均采用正倒镜分中，测设距离均采用往返测求平均值的方法。

（3）注意测设水平角时，拨角时定位配盘的操作。

六、记录格式

方位角推算关系表

日　期：　　　　　　　仪器型号：　　　　　　　观测者：

时　间：　　　　　　　天　　气：　　　　　　　记录者：

象限	Δx 的符号	Δy 的符号	arctan $\dfrac{\Delta y}{\Delta x}$ 的符号	方位角 α
I				$\alpha＝\arctan\dfrac{\Delta y}{\Delta x}$
II				$\alpha＝180°+\arctan\dfrac{\Delta y}{\Delta x}$
III				$\alpha＝180°+\arctan\dfrac{\Delta y}{\Delta x}$
IV				$\alpha＝360°+\arctan\dfrac{\Delta y}{\Delta x}$

放样数据计算表

日　期：　　　　　　　仪器型号：　　　　　　观测者：

时　间：　　　　　　　天　气：　　　　　　　记录者：

边	$\Delta x/m$	$\Delta y/m$	平距 D/m	方位角 α	测设角度
AB					
AC					
BD					
BC					

七、思考与练习

（1）在房屋放样中，设置轴线控制桩的作用是什么？应如何测设？

（2）应如何进行柱子的校正工作？操作过程中应注意哪些问题？

（3）应如何进行高层建筑平面控制点的垂直投影？

实训十一　全站仪的使用

一、目的和要求

（1）了解全站仪各部件及键盘按键的名称和作用。

（2）掌握全站仪的安置和使用方法。

（3）练习用全站仪进行角度测量、距离测量、高程测量及坐标测量的方法。

（4）建议实训课时为 2 学时，实训小组由 5～6 人组成。

二、任务

每人至少安置一次全站仪，选择两个高、低不同稍有起伏的目标点供观测。分别瞄准两个目标，读取水平盘读数及距离。

三、仪器工具

全站仪（包括反射棱镜、棱镜架）一台，测伞一把，记录板一块。

四、方法与操作步骤

（1）仪器开箱后，仔细观察并记清仪器在箱中的位置，取出仪器并连接在三脚架上，旋紧中心连接螺旋，及时关好仪器箱。然后在测站上安置全站仪，方法与安置经纬仪相同；在目标点上安置棱镜架。

（2）认识全站仪：了解仪器各部件（包括反射棱镜）及键盘按键的名称、作用和使用方法。

（3）对中、整平：与普通经纬仪相同。

（4）仪器操作如下：

① 开机自检——打开电源，进入仪器自检，纵转望远镜和转动照准部各一周，进行竖直度盘和水平度盘初始化，即自动设置竖直度盘和水平度盘的指标。

② 输入参数——包括棱镜常数、气象参数（温度、气压、湿度）等。

③ 选定模式——包括角度测量模式、距离测量模式、坐标测量模式、特殊模式（即菜单模式），实训中暂不练习。

④ 瞄准零方向——按水平度盘设置键，使平盘设置为 $0°0'0''$（也可设置为其他已知值，相当于进行水平度盘配置）；如欲进行坐标测量，还需输入测站的三维坐标（x、y、H）、零方向的已知方位角（可直接输入方位角，也可输入零方向所指后视点的坐标，由仪器根据测站点和后视点的坐标自动进行反算获得）、仪器高。

⑤ 瞄准目标点——照准目标点的棱镜标牌中心（或不带标牌的棱镜中心），分别对两个

目标进行以下测量：

　　• 角度测量。直接显示零方向与目标点之间的水平角和目标点的竖直角（竖直角为倾斜视线的天顶距读数）。

　　• 距离测量。同时显示测站至目标点之间的水平距离、倾斜距离和高差。

　　• 坐标测量。输入目标点的标高，同时显示目标点的三维坐标（x_i、y_i、H_i）。

　　将测量数据记入表格。

　　（5）测量完毕关机。

五、注意事项

　　（1）使用各螺旋时，用力应轻而均匀。

　　（2）全站仪从箱中取出后，应立即用中心连接螺旋连接在脚架上，并做到连接牢固。

　　（3）各项练习均要认真仔细完成，并能熟练操作。

六、记录格式

全站仪测量记录

时间_____　天气_____　观测_____　记录_____　检查_____

测站_____　$x=$ _____、$y=$ _____、$H=$ _____、仪器高 i _____

后视_____　$x=$ _____、$y=$ _____、$H=$ _____、仪器型号 _____

后视方位角_____　后视方向值_____

测站	目标 标高/m	盘位	角度		距离/高差/m		坐标/m	
		左	水平角		平距		x	
			天顶距		斜距		y	
			竖直角		高差		H	
		右	水平角		平距		x	
			天顶距		斜距		y	
			竖直角		高差		H	
		左	水平角		平距		x	
			天顶距		斜距		y	
			竖直角		高差		H	
		右	水平角		平距		x	
			天顶距		斜距		y	
			竖直角		高差		H	

七、思考与练习

　　（1）识别下列部件并写出它们的功能。

① 望远镜调焦螺旋;

② 望远镜扶手;

③ 水平制动螺旋;

④ 水平微动螺旋;

⑤ 垂直制动螺旋;

⑥ 垂直微动螺旋;

⑦ 管水准器;

⑧ 圆水准器。

（2）电子全站仪由哪些主要部分组成? 试述双轴倾斜传感器的功能与原理。

（3）试述电子全站仪的一般程序功能。

参 考 文 献

[1]　顾孝烈，鲍峰，程效军. 测量学[M]. 4 版. 上海：同济大学出版社，2011.

[2]　赵建三，贺跃光. 测量学[M]. 北京：中国电力出版社，2013.

[3]　王龙洋，魏仁国. 建筑工程测量与实训[M]. 天津：天津科学技术出版社，2013.

[4]　李玉宝. 测量学[M]. 3 版. 成都：西南交通大学出版社，2012.

[5]　鲁纯，马驰. 测量学基础[M]. 北京：北京邮电大学出版社，2015.

[6]　潘益民. 建筑工程测量[M]. 北京：北京大学出版社，2012.

[7]　张豪. 建筑工程测量[M]. 北京：中国建筑工业出版社，2012.

[8]　杨凤华. 建筑工程测量实训[M]. 北京：北京大学出版社，2011.

[9]　林长进. 建筑工程测量实训[M]. 厦门：厦门大学出版社，2012.

[10]　岑敏仪. 建筑工程测量[M]. 重庆：重庆大学出版社，2010.